KB072410

실무자를 위한
현수교 앵커리지의
지반공학적 설계

실무자를 위한

현수교 앵커리지의
지반공학적 설계

GEOTECHNICAL DESIGN OF
ANCHORAGES IN SUSPENSION BRIDGES

정문경·서승환 저

씨
아이
알

서문

 이 책은 2009년 출범한 초장대교량 사업단에서부터 2021년에 종료된 케이블 교량 글로벌 연구단에 이르기까지 수많은 연구자와 엔지니어가 고민해왔던 현수교 앵커리지 설계 방법에 대한 고민과 해답을 담고 있다. 현수교(懸垂橋)는 주케이블의 강성으로 하중을 지지하는 교량이다. 주케이블이 강성, 즉 장력을 발휘하려면 케이블 양 끝부분에 든든한 지지점이 필요하다. 주케이블의 양 끝을 붙잡아주는 지지점의 역할을 하는 구조물이 바로 앵커리지(anchorage)이다. 앵커리지는 현수교의 중요한 구조물임에도 불구하고 교량 프로젝트에서 각광을 받는 경우는 흔치 않다. 특히 설계에서는 최적화보다 보수적으로 설계하는 관행적 접근이 주를 이루고 있다. 우리나라에서 타정식 현수교는 1973년 남해대교를 비롯하여 2019년 근래 완공된 천사대교까지 47여년의 긴 역사를 가지고 있지만, 실상 순수한 우리 기술이 적용되기 시작한 것은 1995년 무렵이다. 이때부터 2019년까지 영종대교, 광안대교, 팔영대교, 이순신대교, 울산대교, 노량대교, 천사대교 등 현수교가 집중적으로 건설되는 교량 프로젝트의 부흥기를 맞이하게 되었다. 이 시기에 우리나라의 현수교 설계 기술과 노하우가 축적되어 현재 세계적으로 그 기술력을 인정받고 있다. 하지만 지금, 현수교 설계 및 시공 경험을 가진 기술자들은 대부분 은퇴를 향해 가고 있지만 새로운 기술자의 유입은 과부족인 상황이다. 그만큼 신진기술자에게 설계 기술 전수에도 어려움을 겪고 있다. 더욱이 앵커리지는 국내 소수 설계자만이 기술력을 보유하고 있어 그 노하우 전파가 더욱 어렵다.

이러한 배경으로 이 책의 집필 동기는 사장될 위험에 처해 있는 현수교 앵커리지 설계 기술을 국내 설계자들에게 전파하고 기술력을 축적해나가기 위한 서적의 필요성에서 시작하였다. 현수교 프로젝트는 그 수가 많지 않고 지속적인 기술 전수가 어려워 연구보고서 이상의 설계에 참고가 될 도서 제작을 통한 설계 노하우 전파가 중요하다고 생각한다. 따라서 저자와 관련 연구진은 10여 년간 수행해 온 연구와 경험을 집대성하여 실무자 관점에서 앵커리지를 이해할 수 있도록 서술하였다.

저자는 앵커리지 구조물과 인접 암반에 대한 거동을 분석하기 위해 실제 울산대교 시공 시 계측기를 설치하였으나 여러 가지 이유로 기대하였던 결과를 얻지 못하였고 그로인해 수치해석 결과와 비교할 수 없었던 경험이 있다. 이처럼 앵커리지는 다른 지반 구조물과 달리 역해석(back analysis)이 어려워 명확한 거동 분석이 어려운 구조물이다. 또한 앵커리지가 설치되는 인접 지반의 상태는 제각기 달라 앵커리지와 지반 사이의 상호 작용과 지지 메커니즘에 대한 이해가 앵커리지 설계에 중요하다. 이러한 경험을 근간으로 이 책은 저자와 관련 연구진이 앵커리지의 인발 거동 분석을 위해 수행해왔던 다양한 모형실험과 수치해석 등 최신 연구성과를 포함하여 앵커리지 설계에 필수적인 요소를 모두 담고 있다.

이 책은 현수교 앵커리지의 설계 절차와 방법을 중심으로 다루는 것을 기본 방향으로 하고 최신 연구결과를 설계에 적용할 수 있도록 내용이 구성되어 있다. 제1장에는 현수교의 구성요소와 앵커리지의 형식별 특징을 소개하였으며, 제2장에는 앵커리지 설계 절차를 다루었다. 제3장에는 중력식과 터널식 앵커리지의 저항 메커니즘과 앵커리지의 위치 선정부터 안정성 검토까지 설계 방법을 구체적으로 설명하였다. 제4장은 앵커리지의 안정성 검증을 위한 수치해석을 다루는데, 예제를 통해 지반 모델링부터 결과 분석까지 세부적인 내용을 소개하였다. 또한 수치해석상의 주의점을 수록하여 정확한 앵커리지 거동 분석이 가능하도록 하였다. 이 책에 수록된 모든 예제는 실제 앵커리지 설계 사례를 기반으로 하여 이질감 없이 실무에 바로 활용할 수 있도록 도와줄 것이다.

이 책을 준비하는 데 있어서 많은 분들의 도움을 받았다. 우선 십년이 넘는 긴 세월 동안 앵커리지 설계 노하우를 후배들에 전수하기 위해 기존 앵커리지의 설계, 시공, 해석에 관한 방대한 자료를 기꺼이 전해 주고, 연구결과를 현업의 실무자들에게 활용될 수 있도록 도와주신 ㈜유신코퍼레이션의 장학성 부사장님, 장영일 상무님의 고마움을 잊을 수 없다. 현업에서 앵커리지 설계 개선을 위해 문제를 정의하고 연구의 필요성을 강조해 주었던 ㈜GS건설의 최영석 차장님, 초장대교량 사업단 과제의 실무와 케이블교량 연구단 과제의 기획에 참여한 박재현 박사, 초기 터널식 앵커리지의 실험과 해석에 힘써준 이용안박사, 박철수박사에게 감사의 뜻을 전한다. 케이블교량 연구단 과제를 하면서 실무와 실험을 적극적으로 수행하고, 연구보고서와 별개로 앵커리지 설계 노하우를 지속적으로 활용할 수 있도록 이 책을 집필하는 데 많은 힘이 된 공동저자인 서승환 전임연구원에게 고마운 마음을 전한다. 그리고 복잡한 앵커리지 수치해석을 실무에 쉽게 활용할 수 있도록 간편 해석방법에 대해 연구해준 임현성 박사, 중력식과 터널식 앵커리지의 거동분석을 위해 수치해석을 함께 수행한 이성준 교수, 진현식 대표, 정영훈 교수, 고준영 교수에게 감사의 말씀을 전하고 싶다. 또한 이 책이 나오기까지 적극적인 지원과 좋은 책이 될 수 있도록 애써주신 도서출판 씨아이알 김성배 사장님 및 관계자들에게 감사의 마음을 전한다.

2022년 2월, 집필진을 대표하여

정문경 드림

실무자를 위한 현수교 앵커리지의 지반공학적 설계

——————————— 목 차 ———————————

Chapter 3. 앵커리지 설계 검토

Chapter 4. 수치해석을 통한 앵커리지 안정성 검증

:: 그림 목차 ::

:: 표 목차 ::

— CHAPTER 1 —

현수교 앵커리지 개요

Geotechnical Design of Anchorages in Suspension Bridges

현수교 앵커리지 개요

1.1 현수교의 개요

1.1.1 현수교

현수교(懸垂橋, suspension bridge)는 케이블(cable)을 늘어뜨려 양 끝을 고정시킨 상태에서 교량의 하중을 케이블의 인장력으로 지지하는 구조를 갖는 교량이다.

현수교는 주케이블의 고정방법에 따라 타정식(earth-anchored)과 자정식(self-anchored)으로 분류된다. 타정식은 교량의 양 끝에 앵커리지(anchorage)를 두어 주케이블(main cable)을 고정시킨 형식이고 자정식은 별도의 앵커리지를 두지 않고 교량 끝단의 교각에 주케이블을 고정시키는 형식이다.

현수교는 계곡에 덩굴 등을 걸쳐 이용했던 것이 기원으로, 그 역사가 2,000년 이상이라 할 만큼 오래되었다. 근대적인 현수교는 19세기에 들어서서 인장 강도가 높은 철을 쉽게 이용할 수 있게 되면서 보급이 확대되었다. 초기에는 가늘고 긴 철판의 양단에 구멍이 있는 아이 바(eye bar)를 핀으로 연결하여 긴 체인(chain)을 만들고 여기에 거더(girder)를 매다는 형식이었으며(그림1.1), 이후 철제 와이어(wire)의 제조가 가능해지면서 와이어를 다발로 묶은 케이블이 이용하게 되었다(그림1.2). 트러스(최대경간장: 549m, 캐나다 퀘백교), 아치(최대경간장: 518m, 미국 뉴리버조지교) 등의 교량은 기술의 진보에도 불구하고 경간장의 증대에 있어 한계를 보이는 반면에, 현수교는 주 케이블의 인장강도의 증가에 상응하게 경간장을 증대시킬 수 있는 구조이므로 다른 형식의 교량에 비하여 상대적으로 큰 경간장을 적용할 수 있다(최대경간장: 1,991m, 일본 아카시 해협대교). 이로 인해 현수교는 최대 경간장을 갖는 교량형식으로 인식되고 있다.

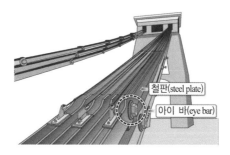

[그림 1.1] 주케이블 재료로 아이 바(eye bar)를 사용한 클리프턴 현수교(Clifton suspension bridge, 1864년)

[그림 1.2] 주케이블 재료로 철제 와이어(wire)를 사용한 현수교

1.1.2 현수교의 구성요소

현수교의 주요 구성요소에는 차량이 이동하는 포장층을 지지하는 보강거더, 보강거더에 작용하는 하중을 지지하는 주케이블, 보강거더와 주케이블을 연결하는 행어, 그리고 주케이블의 하중을 지지해주는 주탑 및 주케이블을 정착하여 케이블 하중을 지지하는 앵커리지 등이 있다. 표1.1에는 현수교의 주요 부재 및 부속물의 용어와 역할을 정리하였다.

[표 1.1] 현수교의 구성요소와 역할

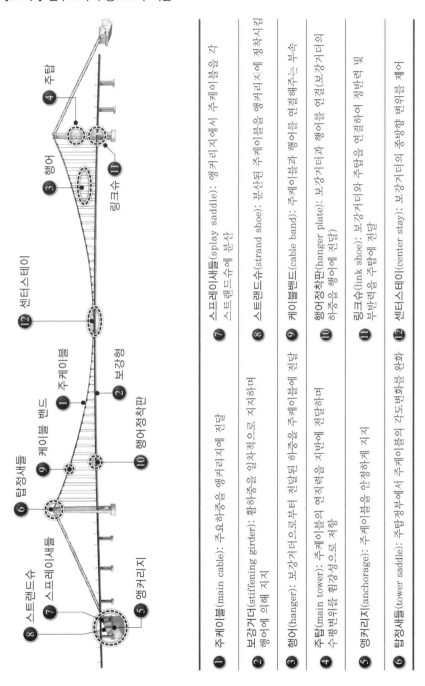

① 주케이블(main cable): 주요하중을 앵커리지에 전달

② 보강거더(stiffening girder): 활하중을 일차적으로 지지하며 행어에 의해 지지

③ 행어(hanger): 보강거더으로부터 전달된 하중을 주케이블에 전달

④ 주탑(main tower): 주케이블의 연직력을 지반에 전달하며 수평변위를 휨강성으로 저항

⑤ 앵커리지(anchorage): 주케이블을 안정하게 지지

⑥ 탑정새들(tower saddle): 주탑정부에서 주케이블의 가로변화를 완화

⑦ 스프레이새들(splay saddle): 앵커리지에서 주케이블을 각 스트랜드슈에 분산

⑧ 스트랜드슈(strand shoe): 분산된 주케이블을 앵커리지에 정착시킴

⑨ 케이블밴드(cable band): 주케이블과 행어를 연결해주는 부속

⑩ 행어정착판(hanger plate): 보강거더과 행어를 연결(보강거더의 하중을 행어에 전달)

⑪ 링크슈(link shoe): 보강거더와 주탑을 연결하여 정반력 및 부반력을 주탑에 전달

⑫ 센터스테이(center stay): 보강거더의 종방향 변위를 제어

1) 주케이블

현수교의 주케이블은 그림1.3과 같이 하나의 와이어가 여러 개 모여서 스트랜드(strand) 단위를 구성하고, 스트랜드가 여러 개 모여서 케이블을 구성하게 된다. 케이블의 가설 공법에는 대표적으로 에어스피닝 공법(Aerial Spinning Method, AS)과 선조립 스트랜드 공법(Prefabricated Strand Method, PS)이 있다. 에어스피닝 공법은 현장에서 릴에 감겨진 5mm의 와이어를 스피닝 휠(spinning wheel)을 이용하는 것으로, 한쪽 앵커리지에서 시작하여 반대쪽 앵커리지의 스트랜드 슈에 감아 돌아서 한 번에 하나씩 연속적으로 왕복하며 가설하는 공법으로 케이블의 와이어 개수만큼 반복하여 가설한다. 선조립 스트랜드 공법은 공장에서 와이어를 묶어 제작된 스트랜드를 현장으로 운반 후 각 스트랜드를 한 개씩 앵커리지 양단에 정착시키는 공법으로, 공사기간 측면에서 유리한 점이 있다.

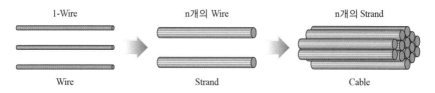

[그림 1.3] 철제 와이어(wire)를 사용한 주케이블의 구성(이광원과 조현준, 2017)

2) 행어

행어는 주케이블과 보강거더를 연결해 주는 중요한 부재로서 제작 방식에 따라 PWS(Parallel Wire Stand) 행어와 Rope 행어로 구분할 수 있다. PWS 행어는 수평의 와이어를 묶은 형식이고, Rope 행어는 와이어를 꼬아서 만든 형식이다(그림1.4).

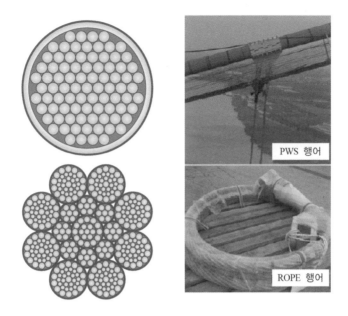

[그림 1.4] PWS 행어와 Rope 행어의 단면(이광원과 조현준, 2017)

3) 보강거더

일반적으로 교량의 거더는 하중을 지지해주는 주부재이지만, 현수교에서의 거더는 주부재인 케이블에 하중으로 작용하기 때문에 부부재로 고려된다. 케이블 부재로 구성된 현수교의 유연한 구조에 비하여 차량 하중을 견고하게 버틸 수 있는 큰 강성을 지닌 상판구조가 필요하며, 이러한 이유로 거더가 아닌 보강거더라고 부른다.

현수교에서는 보강거더를 강재로 제작하는 것이 일반적이다. 현수교는 풍하중에 의해 진동이 발생할 수 있기 때문에 단면형상을 유선형으로 제작하고, 경우에 따라 싱글박스(single box) 및 트윈박스(twin box)로 제작하여 풍하중에 의한 진동 영향을 억제하도록 하고 있다(그림1.5).

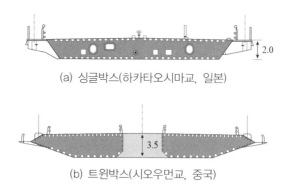

(a) 싱글박스(하카타오시마교, 일본)

(b) 트윈박스(시오우먼교, 중국)

[그림 1.5] 보강거더의 대표적인 단면형상(Gimsing and Georgakis, 2012)

4) 주탑

주탑은 수직구조물로 주케이블을 지지하고 교량하중을 기초로 전달한다. 주탑은 형상에 따라 그림1.6과 같이 A형과 H형 및 다이아몬드형으로 나눌 수 있고, 사용재료에 따라 그림1.7과 같이 콘크리트 주탑 또는 강재 주탑으로 구분할 수 있다. 콘크리트 주탑은 시공성, 경제성, 내구성 및 유지 관리성이 우수한 장점이 있지만, 공사기간이 길고 단면변화에 제약이 있는 등의 단점이 있다. 반면 강재 주탑은 다양한 단면형상이 가능하고 공장제작을 통해 품질신뢰도가 양호한 장점이 있지만, 고가의 비용으로 인하여 경제성이 떨어지는 단점이 있다.

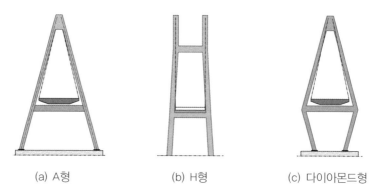

(a) A형   (b) H형   (c) 다이아몬드형

[그림 1.6] 형상에 따른 주탑의 종류(Gimsing and Georgakis, 2012)

| 콘크리트 주탑 | 강재 주탑 |

[그림 1.7] 사용재료에 따른 주탑의 종류(이광원과 조현준, 2017)

5) 앵커리지

앵커리지는 형식에 따라 그림1.8과 같이 중력식, 터널식, 지중정착식으로 구분할 수 있다. 앵커리지 형식은 현수교의 가설위치, 앵커리지 설치 위치의 지형적 조건과 지반 상태를 고려하여 결정한다. 앵커리지의 규모는 기본적으로 현수교 케이블 장력의 크기에 따라 결정되지만, 앵커리지 위치의 지형과 지반조건에 따라 안전성, 시공성 및 경제성을 고려하여 최종적인 형식을 정한다. 일반적으로 적용되고 있는 세 가지 앵커리지의 형식별 특징은 제2장에서 상세히 언급한다.

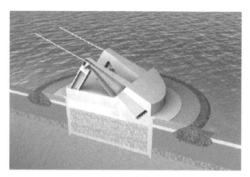

(a) 중력식

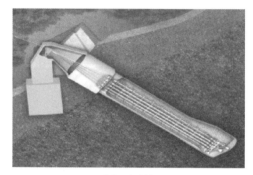

(b) 터널식

(c) 지중정착식

[그림 1.8] 앵커리지의 대표적인 형식(울산대교의 설계서 재구성, ㈜유신코퍼레이션, 2009)

6) 기타 구성요소

앞서 소개된 구성요소 이외에 현수교에 필요한 구성 요소로는 새들(saddle)이 있다. 새들은 주탑과 앵커리지 위치에서 주케이블이 꺾임 없이 유연한 곡선의 형태로 넘어갈 수 있도록 제작된 구조체이다. 새들은 케이블을 안전하게 지지하고, 케이블의 연직 반력 또는 수평 반력을 주탑과 앵커리지에 충분히 전달하는 구조여야 한다. 새들의 설치 위치에 따라 주탑 상부에 설치하는 새들을 탑정 새들, 앵커리지에 설치하는 것을 스프레이 새들이라 한다(그림1.9).

또한 주케이블과 행어를 연결해주는 케이블 밴드, 현수교의 종방향 흔들림을 잡아주는 센터스테이 및 버퍼, 풍하중에 의한 교량의 횡방향 움직임을 제어해주는 윈드슈 및 링크슈 등이 있다.

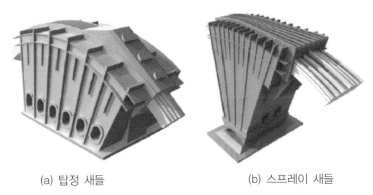

(a) 탑정 새들   (b) 스프레이 새들

[그림 1.9] 새들의 대표적인 종류(이광원과 조현준, 2017)

1.2 앵커리지의 개요

1.2.1 앵커리지

현수교의 앵커리지는 장력을 받는 주케이블을 고정하는 구조물로서 큰 하중이 작용하고 있기 때문에 전체 교량의 안정성 측면에서 매우 중요한 구조물이다. 앵커리지의 대표적인 형식은 크게 중력식(gravity-type), 터널식(tunnel-type), 지중정착식(rock-anchored-type)으로 분류할 수 있다. 본 기술지도서에는 국내 현수교에 다수 적용되어 있는 중력식과 터널식 앵커리지에 대한 내용을 주로 담고 있다.

중력식 앵커리지는 콘크리트 구조체의 자중을 반력으로 케이블에 걸리는 하중을 지지하는 형식이며 가장 일반적으로 적용되는 방식이다. 터널식 앵커리지는 비교적 양호한 암반에 터널을 굴착한 후 그 내부에 인장재와 콘크리트를 채우는 방식으로 앵커리지 구체의 자중과 구체와 접하는 지반의 마찰력 및 점착력에 의해 케이블 하중을 지지한다, 또한 터널식과 유사한 방식인 지중정착식 앵커리지는 견고한 기반암을 저항체로 이용하기 위하여 암반 천공으로 프리스트레싱을 도입해 전체 암괴의 저항에 의해 케이블 하중을 지지하는 방식이다.

최근 세계적으로 현수교 규모가 커짐에 따라 앵커리지에 작용하는 하중이 증량되고 앵커리지의 크기도 커지고 있기 때문에 앵커리지 건설 공사비가 증가하는 추세이다. 앵커리지 형식별 공사비는 중력식, 터널식, 지중정착식 순으로 적어지는 것이 일반적이다. 그러므로 제반 조건이 충족될 경우 지중정착식 앵커리지를 적용하는 것이 경제성 측면에서 가장 유리할 수 있다. 그러나 지중정착식은 터널식과 비교할 때 지반 암반의 지지 특성에 따라 그 유리한 정도가 달라질 수 있으므로 설계 저항력 산정 결과에 결정적인 영향을 주는 지반의 파괴형태와 안전율에 대한 명확한 설계 기준이 필요하다.

1.2.2 앵커리지의 형식별 특징

1) 중력식 앵커리지

중력식 앵커리지는 남해대교(1973년), 광안대교(2002년), 이순신대교(2013년), 팔영대교(2016년)와 같이 우리나라의 여러 현수교에 적용되었다. 중력식 앵커리지는 콘크리트 구체의 자중을 지지력의 요소로 고려함으로써 확실한 지지 메커니즘을 가지고 있는 반면, 많은 물량의 콘크리트가 필요하고 매스(mass) 콘크리트의 품질관리를 위하여 분할타설 및 수화열 제어가 필요하다. 또한, 앵커리지가 설치되기 적합한 암반이 깊은 곳에서 발견될 경우에는 터파기 물량증가 및 터파기용 가시설의 추가가 필요하다는 단점이 있다.

이러한 중력식 앵커리지의 단점을 보완하기 위해 콘크리트 구체자중과 앵커리지 전면 지반의 수동저항을 모두 참작할 수 있는 계단식 중력식 앵커리지가 고려될 수 있다. 계단식의 중력식 앵커리지는 저면을 경사지게 계획함으로써 케이블 스트랜드의 정착을 위한 후면부의 구체 크기는 확보하고 전면부는 암반굴착량을 감소시켜 구체 콘크리트 물량을 줄일 수 있는 상점이 있다. 그러나 계단식의 중력식 앵커리지 설계에서도 일반적으로 보수적 설계를 위해 앵커리지 전면 지반의 수동저항은 무시되고 있다. 또한, 저면의 경사효과를 반영하여 지지력을 고려할 수 있는 안정성 검토방법을 결정하는 것이 설계의 관건이다.

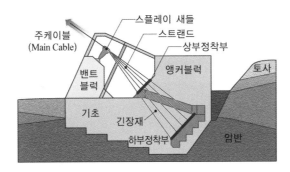

[그림 1.10] 중력식 앵커리지의 구성 요소(노량대교의 설계서 재구성, ㈜유신코퍼레이션, 2009)

2) 터널식 앵커리지

터널식 앵커리지는 원지반에 터널을 굴착하고 그 내부에 주케이블을 정착시키기 위한 강재 프레임을 매입한 후 콘크리트를 타설하여 앵커리지 구체를 형성함으로써, 터널 내부 콘크리트 구체의 자중과 콘크리트 구체와 접하는 원지반의 마찰 및 점착 저항으로 지지하는 방식이다.

터널식 앵커리지는 스트랜드를 먼저 시공된 강재프레임에 정착시킴으로써 케이블 하중을 터널 바닥면의 정착판으로 전달하는 방식이다. 그러므로 주케이블의 인장력이 터널 저면의 정착판에 작용하는 지반보강재에 사용되는 압축식 앵커와 동일한 시스템으로 볼 수 있으며, 터널 단면 전체는 압축저항을 받게 된다. 또한 터널식은 중력식에 비하여 터파기 작업을 최소화한 친환경적인 형식이며, 원지반의 점착 저항을 이용할 경우, 콘크리트 물량을 절감할 수도 있다. 그러나 경사터널을 시공해야 하므로 경사로를 이용한 암버력 처리, 강재프레임 삽입 및 조립 시 작업성, 콘크리트 타설 관리 등의 어려움이 있어 시공 방법 선정에 대한 주의가 필요하다.

터널식 앵커리지는 저항체가 되는 경사 터널의 형상에 따라 저항 메커니즘이 달라지므로 터널 단면 형상, 확폭부 각도와 길이를 결정할 때 확폭부 단면을 기준으로 길이 방향의 전단저항을 유도하는 수직마찰면 형식을 선정할 것인지 또는 쐐기 형상의 저항을 유도하는 터널 형상을 선정할 것인지가 설계의 중요한 관건이다.

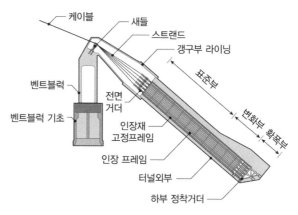

[그림 1.11] 터널식 앵커리지의 구성 요소(울산대교의 설계서 재구성, ㈜유신코퍼레이션, 2009)

3) 지중정착식 앵커리지

지중정착식 앵커리지는 앵커리지가 시공될 위치에 견고한 지지 암반이 존재할 경우에 자연 암괴를 저항체로 직접 이용하기 때문에 경제적인 공법이라고 할 수 있다. 이 방법은 주케이블을 땅속 암반 내부쪽 챔버에 설치된 정착판에 정착하는 방식으로, 케이블 정착을 위해 지반면에서 암반 내부 챔버 정착판 위치까지 경사 천공을 실시하고, 천공 구멍 내부를 통해 긴장재를 삽입한 후 정착판에 긴장력(prestress)를 가하여 정착한다. 주케이블이 상부 정착판에 고정된 이후, 암반의 쐐기블록 자중에 의한 마찰저항과 점착저항으로 케이블 하중을 지지하는 방식이다. 이때 긴장재를 지하 암반에 정착시키기 위한 챔버 시공 및 내부 암반까지 접근할 수 있는 접근 터널이 필요하다.

지중정착식 앵커리지의 적용을 위해서는 기반암이 매우 양호해야 하며, 파쇄대, 절리방향 및 지층구조 등에 대한 정밀조사가 하중 영향 범위 내에서 충분히 이루어져서 안정성을 확보할 수 있도록 해야 한다.

지중정착식 앵커리지의 경우 저항 암반에 대한 파괴 예상면 가정이 중요한 설계 변수이며 암반특성에 상응하는 파괴 예상면에 대한 안정성 검토를 수행하여 안전성을 확인하는 것이 필요하다. 표 1.2에는 중력식, 터널식, 지중정창식 앵커리지의 특징, 장·단점을 정리하여 나타내었다.

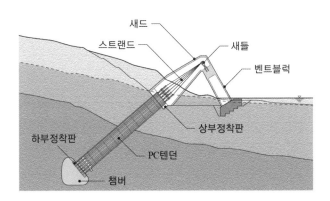

[그림 1.12] 지중정착식 앵커리지의 구성 요소(울산대교의 설계서 재구성, ㈜유신 코퍼레이션, 2009)

[표 1.2] 현수교 앵커리지의 형식들에 대한 비교(울산대교의 설계서 재구성, ㈜유신코 퍼레이션, 2009)

구분	중력식 앵커리지	터널식 앵커리지	지중정착식 앵커리지
개요도			
특징	• 콘크리트 구체 자중에 의한 마찰저항으로 지지	• 터널내부와 확폭부 전면 지반 자중의 마찰저항과 점착저항으로 지지	• 암반 쐐기의 중량에 의한 마찰과 점착저항으로 지지
장점	• 확실한 지지 매커니즘 • 국내 설계·시공기술 축적	• 터파기 작업 최소화	• 굴착량과 콘크리트량 최소

1.2.3 앵커리지 형식 결정

현수교의 형식 및 기하 구조는 교량 가설 위치의 노선 선형 조건, 지형 및 지질 조건, 그리고 계획하는 현수교의 경간구성이나 하중특성에 따른 구조적 특징을 만족하는 최적의 형식으로 결정된다. 앵커리지 설계 시 고려해야 할 설계변수는 다음과 같다.

1) 상부 구조에 따른 형식

상부구조 형식은 현수교 경간수와 보강거더 구성, 현수구조의 형태, 그리고 케이블 정착 형태에 따라 구분할 수 있다. 경간수는 두 개의 주탑을 기준으로 단경간, 2경간, 3경간 또는 세 개 이상의 주탑으로 구성된 연속 현수교로 구분되며 일반적으로 3경간 현수교가 널리 쓰인다. 보강거더는 일반적으로 2힌지 보강거더 혹은 연속형 보강거더 형식으로 분류된다. 현수 행어의 구조는 대부분 현수교에서 수직형을 이루고 있으나 일부 경사행어를 사용하여 구조물의 특성과 경관성 향상을 고려한 사례도 있다.

주케이블의 정착형식에 따라 타정식(earth-anchored)과 자정식(self-anchored)으로 분류되며, 자정식 앵커의 경우는 주케이블을 보강거더에 고정시키는 방식이며, 타정식은 주케이블을 교량과는 별도로 시공된 구조체인 앵커리지의 앵커블럭에 고정시키는 형식이다. 국내에서는 영종대교와 소록대교가 자정식 앵커리지 형식을 적용하였으며, 그 외 다수의 현수교에서는 타정식 앵커리지를 사용하고 있다.

2) 지형조건에 따른 형식

타정식 앵커리지는 주탑 상단에 비해 낮은 곳에 앵커리지가 위치하므로 케이블 장력이 수평 및 연직 방향으로 분리되어 작용한다. 케이블 장력의 작용 각도를 고려하여 앵커리지의 안정성을 검토하여야 한다.

현수교는 자중, 교통하중 등 모든 재하 하중이 케이블에 지지된다. 연직력은 주로 주탑을 통하여 지반으로 전달되며, 수평력은 앵커리지를 통하여 지반으로 전달된다.

앵커리지는 주케이블의 수평장력을 안전하게 지지하기 위해 설치되는 지점의 지형조건에 맞게 설계하는 것이 교량의 안전성 확보와 건설비용 절감에 유리하다.

지형조건에 따른 앵커리지의 형식은, 일반적으로 앵커리지 위치가 평지일 경우에는 중력식을 우선적으로 고려하며, 육상 또는 해상 조건에 따라 기초 형식과 공법 선정 및 시공성 등을 다시 한 번 점검해야 한다. 또한 산악 지형이나 경사지인 경우에는 터파기 공사의 적합성에 대한 고려도 필요하다. 앵커리지 위치의 접근용이성, 터파기 공사의 난이도와 기반암의 특성에 따라 터널식 또는 지중정착식 앵커리지를 고려할 수도 있다. 기초 지반에 케이블 하중을 안전하게 전달시키기 위해서는 기반암의 심도와 강도 특성 파악이 가장 중요한 설계변수이다. 위에서 언급한 설계 조건들을 염두하고 기반암의 특성에 적합한 앵커리지 형식을 선정하는 것이 필요하다.

3) 케이블 지지 구조에 따른 형식

케이블의 지지 구조는 상부 케이블의 가설 공법에 따라 공중 펼침 방식(Air Splay)과 안장 펼침 방식(Saddle Splay)으로 구분할 수 있다. 일반적인 케이블 펼침 방식은 스프레이 새들을 이용한 안장 펼침 방식으로, 주케이블을 스프레이 새들 위에서 여러 가닥의 스트랜드로 분리하여 수평 및 연직 방향의 방사형으로 펼쳐서 앵커리지의 정착판에 정착하는 방식이다. 이 경우, 케이블 장력은 케이블의 입사각과 굴절각에 따라 앵커리지의 새들 블록에 압축력으로 작용하게 되므로 이를 지지하기 위한 새들 블록이 설계되어야 한다. 이때 새들 블록에 가해진 압축력은 앵커블록에 작용하는 케이블의 수평하중을 감소시키는 결과를 가져온다.

공중 펼침 방식은 주케이블에 굴절각을 주지 않고 현수교의 측탑 위치 또는 앵커리지 위치에서 밴드로 묶은 후 방사형으로 펼쳐서 앵커리지에 정착하는 방식이다. 케이블 장력의 방향 변환에 따른 연직력이 앵커리지에 크게 작용하지 않기 때문에 앵커리지 구조가 간단하게 될 수 있으나, 수평력의 비중이 커지므로 이에 대한 주의가 필요하다. 국내 현수교에서는 울산대교에 공중 펼침 방식을 적용하였다.

CHAPTER 2

앵커리지 설계 절차

Geotechnical Design of Anchorages in Suspension Bridges

앵커리지 설계 절차

2.1 앵커리지 설계 흐름

현수교 앵커리지는 주케이블의 인장력 및 상부구조물의 하중을 안전하게 지반에 전달할 수 있도록 설계해야 하며 동시에 경제성, 시공성, 유지관리, 미관 등을 충분히 고려하여야 한다.

앵커리지 설계의 전체적인 흐름을 살펴보면 그림2.1과 같이 구조 및 지반분야 설계가 동시에 이루어진다. 구조분야에서 스프레이 길이 및 앵커프레임 검토 과정까지 설계를 수행하고, 그 이후 지지지반 설정과 앵커리지 안정성 검토 등의 지반분야 설계를 수행한다. 이때 지반설계 결과에 따라 상부공의 제원 및 구체 단면을 변경하는 등 앵커리지 설계는 구조와 지반분야의 협업에 의해 이루어지는 것이 일반적이다. 본서는 지반기술자를 위해 전체 흐름에서 지반설계 분야의 설계방법을 중점적으로 다룬다. 그리고 이 설계흐름의 과정에서 앵커리지 지반 설계 검토사항은 표2.1과 같다.

[표 2.1] 앵커리지의 지반설계 검토사항

설계 순서		주요 검토 내용
(1)	설계기준 결정	적용 설계기준
(2)	위치/형식 선정	지형조건, 교량형식, 경관조건, 시공환경 등
(3)	구조변수 결정	케이블 정착 방식, 스프레이 길이, 정착장, 굴절각 등 구조 변수
(4)	지반조건 검토	지층구조, 지지층심도, 기반암 조건 등 지반변수
(5)	치수 및 형상 결정	벤트블록, 새들부, 인장부, 앵커블록의 규모
(6)	안정성 검토	지지력, 전도, 활동
(7)	안정성 검증	수치해석(연속체, 불연속체 해석)
(8)	구조단면 설계	앵커리지 구체

2.2 설계 기준 결정

현수교 앵커리지 설계 시 다음의 기준 및 관련 근거를 참고하여 설계한다.

1) 건설기준코드 교량 설계기준(표 2.2 참조)

[표 2.2] 건설기준코드 교량 설계기준

코드번호	코드명
KDS 24 00 00	교량 설계기준
KDS 24 10 10	교량 설계 일반사항(일반설계법)
KDS 24 10 11	교량 설계 일반사항(한계상태설계법)
KDS 24 12 10	교량 설계 하중조합(일반설계법)
KDS 24 12 11	교량 설계 하중조합(한계상태설계법)
KDS 24 12 20	교량 설계하중(일반설계법)
KDS 24 12 21	교량 설계하중(한계상태설계법)
KDS 24 14 20	콘크리트교 설계기준(극한강도설계법)
KDS 24 14 21	콘크리트교 설계기준(한계상태설계법)
KDS 24 14 50	교량 하부구조 설계기준(일반설계법)
KDS 24 14 51	교량 하부구조 설계기준(한계상태설계법)

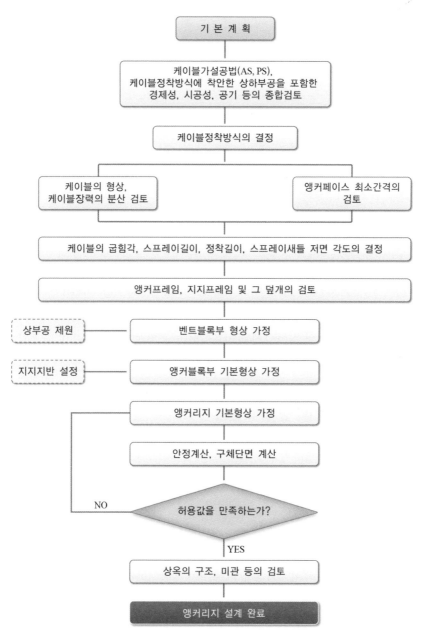

[그림 2.1] 현수교 앵커리지의 설계 흐름도

앵커리지의 설계는 건설기준코드를 원칙으로 하며 건설기준코드에 포함되지 않은 사항은 아래의 기준 및 가이드라인을 참고할 수 있다.

2) 도로교설계기준(한계상태설계법) 해설(2015, 한국교량 및 구조공학회, 국토교통부 제정)

3) 도로교설계기준(한계상태설계법) 케이블교량편 해설(2018, 한국교량 및 구조공학회, 국토교통부 제정)

4) 구조물기초설계준 해설(2018, 한국지반공학회, 국토교통부 제정)

5) 혼슈시코쿠연락교공 : 일본 本州四國連絡橋公(본주사국연락교공)에서 1989년 발행한 道路橋示方書IV 下部構造編, 下部構造設計基準改訂案(도로교시방서IV 하부구조편 : 하부구조설계기준 개정안)과 중력식 직접기초 앵커리지 설계요령(안) 동해설

6) AASHTO LRFD : AASHTO(American Association of State Highway and Transportation Officials)에서 2010년 발행한 AASHTO LRFD Bridge Design Specifications

7) 현수교 앵커리지 지반설계 가이드라인(한국건설기술연구원 및 한국지반공학회, 2020)

2.3 앵커리지 위치 및 형식 선정

앵커리지를 설계하기 위해 최적의 앵커리지 위치와 형식을 선정하는 것이 필요하며, 이를 위해 상부구조 계획과 연계하여 지반 조건을 동시에 고려해야 한다. 본 절에서는 국내 현수교 앵커리지 설계 사례를 바탕으로 앵커리지 위치 및 형식 선정 방법을 설명한다.

설계기준이 결정되면 가장 먼저 앵커리지의 위치와 형식을 선정한다. 공학적 관점에서 현수교의 경간장에 따라 적합한 앵커리지의 위치와 형식을 결정해야 하고, 주변경관 및 시각적인 요소도 고려하여 심미적인 안정감을 줄 수 있는 구조물로 설계할 필요가 있다. 여기서는 이순신대교의 설계사례를 통해 앵커리지의 위치와 형식 결정 절차를 경간장을 고려한 경우와 주변 경관 및 시각적 디자인을 고려한 경우로 나누어 설명한다.

1) 경간장을 고려한 경우

교량의 경간장을 고려하여 앵커리지의 위치 선정과 경간장 구성에 따라 비교 설계한 이순신대교의 사례를 소개하고자 한다. 이순신대교는 전라남도 여수시 묘도동과 광양시 금호동을 잇는 현수교로 2012년에 준공되었으며, 총 연장 2,260m에 중앙 경간장(주탑과 주탑 사이의 길이)은 1,545m이다. 이순신대교의 경우 앵커리지 해상에 설치되는 특수한 경우이기 때문에 소개한다. 당시 중앙경 간장을 1100m와 1545m 두 가지 경우에 대해 검토되었다. 그림2.2는 중앙경간장 1,100m와 1,545m의 두 가지 경우에 대해 앵커리지의 형식과 위치를 검토한 것이 다. 이때 앵커리지의 위치별 지형 및 지반 현황을 고려하여 앵커리지 형식을 검토 하여야 한다. 교량의 전체 길이는 동일하지만, 중앙 경간 길이의 변화에 따른 앵 커리지의 위치 및 위치별 적정 형식을 선정하기 위하여 여러 가지(안)을 그림2.2 와 그림2.3과 같이 검토하였다.

현수교의 여수 측 앵커리지는 주경간이 1,350m와 1,450m인 경우, 모두 해상부 에 앵커리지를 설치해야 하는 조건이다. 이때 적용 가능한 형식은 일반적으로 많 이 시공되는 중력식 앵커리지이다. 그러나 여수 측 앵커리지는 대규모 암 굴착이 필요하여 시공성이 불량하였고, 광양 측 앵커리지는 연약점토 지반에 위치하므 로 연약지반 보강 및 가시설공사로 인해 시공비가 상승하므로 적용이 곤란하였 다. 1,545m의 주경간을 적용할 경우에는 여수 측 앵커리지를 해상부에서 육상부 로 이동시킬 수 있으며, 지반조사 결과 육상부는 양호한 암반이 분포하고 있어 지중정착식을 적용할 수 있었다. 또한 이 경우 해상구간 시공에 필요한 축도 및 가설도로가 필요 없기 때문에 시공성을 개선하고 공사비를 절감할 수 있었다. 따 라서 최종적으로 이순신대교의 여수 측 앵커리지는 주경간 1,545m에 부합되고 앵커리지 위치의 지반 특성을 잘 반영할 수 있는 지중정착식으로 선정하였다.

광양 측 앵커리지는 육상 측으로 이동시킴으로써 기반암의 심도가 낮아지게 되어 앵커리지의 설치와 연약지반 처리 및 터파기 가시설 공사에 대한 부담을 낮 출 수 있다. 앵커리지 형식은 중력식 앵커리지를 적용하였고, 부지 확보를 위한 매립 및 연약지반 안정화를 실시하였으며, 가시설 공법은 원형 지중연속벽을 적 용하여 별도의 버팀 부재를 시공하지 않도록 계획함으로써 시공성 및 경제성을 향상시킬 수 있도록 계획하였다.

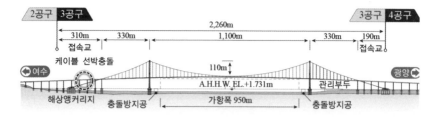

(a) 중앙 경간장 1,100m

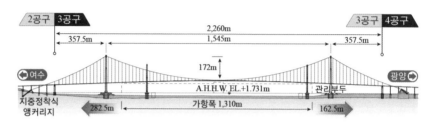

(b) 중앙 경간장 1,545m

[그림 2.2] 경간장을 고려한 앵커리지 위치 선정의 예시, 이순신대교(이순신대교의 설계서 재구성, ㈜유신코퍼레이션, 2012)

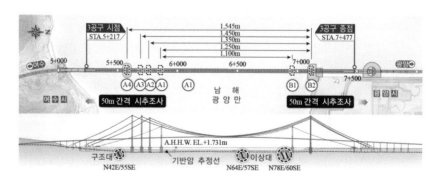

[그림 2.3] 지반의 조건을 고려한 앵커리지 위치 선정의 예시, 이순신대교(이순신대교의 설계서 재구성, ㈜유신코퍼레이션, 2012)

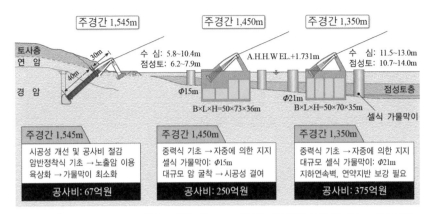

주경간 1,545m   주경간 1,450m   주경간 1,350m

주경간 1,545m	주경간 1,450m	주경간 1,350m
시공성 개선 및 공사비 절감 암반정착식 기초 → 노출암 이용 육상화 → 가물막이 최소화	중력식 기초 → 자중에 의한 지지 셀식 가물막이: Φ15m 대규모 암 굴착 → 시공성 결여	중력식 기초 → 자중에 의한 지지 대규모 셀식 가물막이: Φ21m 지하연속벽, 연약지반 보강 필요
공사비: 67억원	공사비: 250억원	공사비: 375억원

[그림 2.4] 시공성 및 경제성을 고려한 앵커리지 위치 및 형식 선정의 예시, 이순신대교
(이순신대교의 설계서 재구성, ㈜유신코퍼레이션, 2012)

2) 주변 경관 및 시각적 디자인을 고려한 경우

현수교 설계 시 주탑뿐만 아니라 앵커리지 또한 교량의 이미지를 좌우하므로 주변 경관과의 조화로운 형태를 선정한다. 그림2.5와 같이 앵커리지 주변 경관을 고려하여 앵커리지 구체를 노출시킬 것인지 산지에 매립시켜 보이지 않게 할 것인지를 결정한다. 또한, 육상부 혹은 해상부 어느 위치에 앵커리지를 설치할 것인지 주변 환경을 고려하여 결정한다.

노출형   매립형(적용)

[그림 2.5] 주변 경관을 고려한 앵커리지 위치 선정의 예시, 팔영대교(팔영대교의 설계
서 재구성, ㈜유신코퍼레이션, 2016)

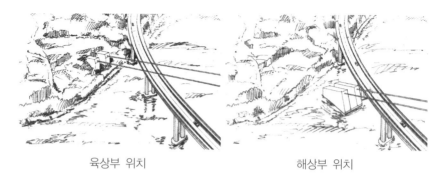

|육상부 위치|해상부 위치|

[그림 2.5] 주변 경관을 고려한 앵커리지 위치 선정의 예시, 팔영대교(팔영대교의 설계
서 재구성, ㈜유신코퍼레이션, 2016)(계속)

현수교 앵커리지 설계 시 구조적 안정성과 함께 최근에는 설치 지역, 교량의 이름 등에 따라 시각적인 요소도 고려해야 한다. 그림2.6은 다양한 형상 디자인을 고려하여 앵커리지의 형태를 결정하는 예시를 보여준다. 앵커리지 구체의 안정성에 영향을 주지 않는 범위에서 여러 이미지의 앵커리지를 디자인한 후 주변경관 선호도가 높은 형상을 사용한다.

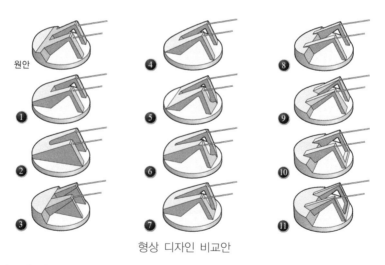

형상 디자인 비교안

[그림 2.6] 시각적 요소를 고려한 앵커리지 형상 결정의 예시, 이순신대교(이순신대교
의 설계서 재구성, ㈜유신코퍼레이션, 2012)

2.4 구조 변수 결정

앵커리지에 전달되는 케이블의 인장력은 앵커리지 구체 내부에 전단력으로 작용하게 된다. 앵커리지 구체 내부에 작용하는 전단력은 케이블 스트랜드의 펼침길이 및 정착길이와 같은 구조변수에 의해 달라진다. 따라서 케이블 스트랜드가 고정된 앵커블록이 전단력에 안전하게 저항할 수 있도록 앵커리지 구체를 구성하는 콘크리트 블록의 치수를 결정하거나 보강을 고려하여 설계해야 한다. 주케이블은 스트랜드 단위로 분리되어 방사형으로 펼쳐진 후 스트랜드 슈에 고정된다. 그 이후 앵커리지 구체 내부에 각 스트랜드별로 정착되어야 하므로 적정한 정착길이와 펼침길이를 필요로 한다. 중력식 앵커리지의 경우에 앵커블럭의 정착장 검토는 케이블 장력의 크기와 앵커리지 구체의 가상파괴쐐기의 자중 및 저면저항력의 비를 계산하여 수행하고 있다.

앵커리지의 안정성 검토 조건은 허용전단력이 전단응력보다 큰 것과 저항 안전율 1.5 이상을 확보하는 것이다. 안전율은 케이블의 스프레이길이, 정착길이 및 굴절각 등과 연관된 내용이므로 안정성 확보를 위한 구조물의 치수 및 형상을 조절하면서 계산한다.

2.5 지반조건 검토

1) 지반조사

지반조사는 케이블교량이 건설되는 지역적 특성과 하부구조물의 특성을 고려하여야 한다. 특히 케이블 교량의 하부구조물은 주탑, 앵커리지 등 큰 하중을 지지하는 구조물로서 지반특성 평가 및 설계지반정수 도출을 위해 지반조사 설계기준(KDS 11 10 10)과 현수교 앵커리지 지반설계 가이드라인(2020)을 참조하여 실시할 수 있다.

2) 지반조사 계획 수립

대상 구간에 대한 지층의 구성 상태와 지반 공학적 특성을 평가하여 합리적인 설계가 될 수 있도록 조사 위치, 항목과 수량에 대한 상세한 조사 계획을 수립하여야 한다. 또한, 암반의 불연속면 특성, 지질 이상대 분포 등에 주의하여 구조물의 지지층 확인 및 지지력 산정을 위해 필요한 시험계획의 수립도 필요하다.

3) 지반조사 고려사항

앵커리지 설계를 위한 기본적인 검토 항목과 필요한 지반조사항목은 표2.3과 같다. 지반조사는 계획된 교량의 형식, 경간 구성에 따른 주탑 및 앵커리지의 위치를 고려해야 하며 설계에 필요한 현장 조사 및 시험을 실시하여야 한다.

지반조사는 교량 구조물을 안전하게 지지할 수 있는 지지층의 확인과 안전성에 영향을 줄 수 있는 단층 파쇄대나 연약지층에 대한 분포 현황을 분석해야 하며, 필요시 추가적인 시험을 실시하여 설계지반정수를 확보하여야 한다.

[표 2.3] 설계검토를 위한 지반조사항목

설계검토 항목	주요 고려사항	조사 항목
지층 및 지질 구조 파악	• 연속적인 지층구조 및 지질이상대 파악	• 시추조사 • 해상 반사법 탄성파 탐사 • 굴절법탄성파탐사 • 광역지표지질조사 • 탄성파 토모그래피탐사
기초지지력	• 합리적인 기초지지력 산정	• 공내재하시험 • 공내전단시험
지층 편기현상 (기반암 불규칙)	• 기초 하부 지반의 편기현상 파악	• 노선방향에 종·횡방향으로 시추
지질이상대 영향권 파악	• 노선을 교차하는 단층의 규모, 위치 및 영향범위 파악	• 탄성파 토모그래피 • 해상탄성파 지층탐사
연약지반 특성 파악	• 시추조사 및 물리탐사를 통한 상세한 지층 분포 현황 파악	• 시추조사 및 물리탐사 • 각종 실내 토질 물리·역학시험
수리 특성 파악	• 구조물 가설 시 침투유량 분석, 육상구간 수리해석	• 현장투수시험 • 수압시험

동적 선형 특성평가	• 지반의 전단파속도 산정에 의한 동적 특성 평가	• S–PS검층 • 다운홀 테스트
동적 비선형 특성평가	• 응력–변형특성 평가	• 공진주시험 • 충격반향시험
정착암반의 매커니즘 평가	• 암반의 불연속면 특성과 공학적 특성 파악	• 수변 지역의 선구조 분석 • 공내영상촬영(BIPS) • 이방성시험 • 경사시추(텐돈위치에서 수행)
챔버터널의 안정성 평가	• 정착 암반의 장기 안정성 평가	• 풍화민감도 시험 • Creep 시험

그림 2.7은 이순신대교의 앵커리지 위치 및 형식의 최적 선정을 위해 검토한 지층구조선 및 기반암 심도를 보여주고 있다. 파쇄대, 구조대, 이상대 등은 앵커리지의 안정성에 영향을 크게 미칠 수 있으므로 이와 같은 지반 조건을 고려하여 설치 위치를 결정해야 한다.

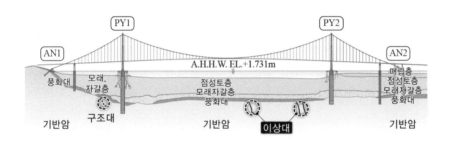

[그림 2.7] 지반조건을 고려한 앵커리지 위치 및 형식 선정의 예시, 이순신대교(이순신 대교의 설계서를 재작성, ㈜유신코퍼레이션, 2012)

또한, 중력식 앵커리지는 지반 조건에 따라 앵커리지 저면의 형상을 결정할 수 있다. 지반조건에 따른 굴착 시공성과 구조적 안정성을 고려하여 앵커리지 저면을 수평 또는 경사면으로 조성할 수 있다. 경사면의 경우 저면 시작점으로부터 종점까지 일정 각도를 갖는 단일 경사면 또는 좀 더 일반적인 층따기 굴착으로 계단식 경사저면을 선택할 수 있다.

경사 저면을 층따기 굴착으로 시공하는 경우 앵커리지 기초 저면의 활동저항력을 증대시킬 수 있고, 굴착작업이 비교적 용이한 장점이 있다(그림2.8).

단일 경사각으로 저면을 시공하는 경우 층따기 형식에 비하여 활동저항력이 감소될 수 있으며, 경사면 굴착이 곤란하고, 철근 배근 및 콘크리트 타설이 경사면에서 이루어지므로 작업성이 저하된다(그림2.9).

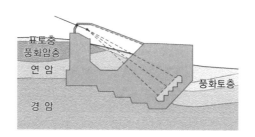

[**그림 2.8**] 중력식 앵커리지의 저면 형상 중 층따기 경사 저면 개요도(노량대교의 설계서 재구성, ㈜유신코퍼레이션, 2009)

저면을 수평으로 시공하는 경우 앵커리지 구체에 대한 시공성은 양호하지만, 터파기 굴착량이 과다해진다. 그러나 케이블 하중에 의해 앵커리지 전면부에 작용되는 지반반력이 커지는 효과가 있다(그림2.10).

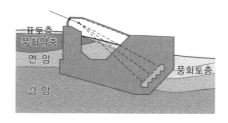

[**그림 2.9**] 중력식 앵커리지의 저면 형상 중 단일 경사각 저면 개요도(노량대교의 설계서 재구성, ㈜유신코퍼레이션, 2009)

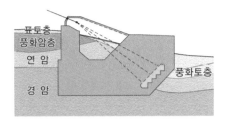

[그림 2.10] 중력식 앵커리지의 저면 형상 중 수평 저면 개요도((주)유신코퍼레이션, 2009)

2.6 치수 및 형상 결정 변수

앵커리지의 형상에 따른 안정성을 검토하기 위해 앵커리지 구체를 구성하는 벤트부, 새들부, 인장부의 수치 제원이 필요하다. 그림2.11과 같이 앵커리지 구체 각 부분에 대한 치수를 결정하고, 이 값을 설계 변수로 하여 반복 계산을 통해 앵커리지 구체의 형상에 따른 안정성을 검토한다.

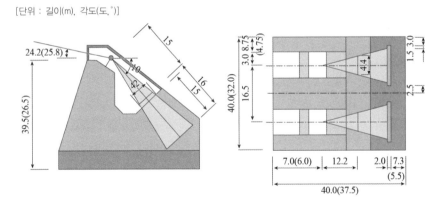

[그림 2.11] 앵커리지 구체의 제원 결정의 예시(울산대교의 설계서 재구성, (주)유신코퍼레이션, 2009)

2.7 안정성 검토

주케이블의 인장력 의한 앵커리지의 안정성 검토는 지반분야에서 중점적으로 수행하는 설계 검토 항목이다. 케이블 장력에 의한 수평력, 수평력과 지지 지반의 정착거리로 계산되는 모멘트 그리고 저항을 위해 필요한 구체 및 기초 자중을 안전하게 지반에 전달되도록 설계하여야 한다. 중력식 앵커리지는 얕은 기초의 안정성 검토 방법과 유사하게 사용/극한한계상태 및 극단한계상태에서 활동, 전도 및 지지력 검토를 통해 안정성을 평가 한다(그림2.12). 앵커리지의 상세한 안정성 검토 방법은 '제3장 앵커리지의 설계 검토'에서 다룬다.

- 활동 검토 : 구체자중, 교각하중, 부력 등과 케이블 장력을 비교
- 전도 검토 : 지점에 대한 저항 및 전도 모멘트 비교(편심거리)
- 지지력 검토 : 도심 하중에 대한 연직 반력 계산

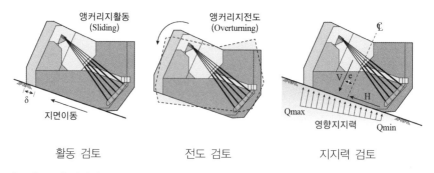

[그림 2.12] 앵커리지의 안정성 검토 항목(노량대교의 설계서 재구성, ㈜유신코퍼레이션, 2009)

2.8 안정성 검증

앵커리지에 대한 경험적 설계를 완료한 후 설계 조건에 대한 안정성 검증을 위하여 수치해석을 수행한다. 유한요소법, 유한차분법을 이용한 연속체 해석의 경우 상용 프로그램인 PLAXIS 3D, FLAC, ABAQUS, MIDAS 등을 사용할 수 있고, 개별요소법을 통한 불연속체 해석의 경우 UDEC, 3DEC 등과 같은 상용 프로그램

을 이용할 수 있다. 수치해석을 통해 케이블 하중으로 발생하는 앵커리지 구체와 지반의 소성 영역을 확인하고 변위, 지지력 등의 안정성을 검증한다. 수치해석을 통한 앵커리지의 상세한 안정성 검증 방법은 '제4장 수치해석을 통한 앵커리지 안정성 검증'에서 다룬다.

2.9 구조 단면 검토

안정성이 검증된 앵커리지 구체에 대하여 철근으로 보강하기 위해 유한요소해석을 수행한다. 이를 통해 인장 주응력에 대응하는 철근량을 산정한다. 유한요소해석 결과로부터 앵커리지 구체에 시공시, 공용시의 하중이 작용하였을 때 단면의 주응력과 주응력 벡터 방향 등을 검토한 후 단위 단면에 대한 철근량을 계산한다. 계산된 철근량은 3차원 방향으로 배근도를 작성하여 앵커리지 구체 설계를 완료한다.

앵커리지 설계 검토

Geotechnical Design of Anchorages in Suspension Bridges

Chapter 03

앵커리지 설계 검토

3.1 중력식 앵커리지 저항 메커니즘

제2장에서 설명한 설계 절차에 따라 3.1절에서는 팔영대교의 설계사례를 바탕으로 중력식 앵커리지의 안정성 검토에 대해 설명한다. 중력식 앵커리지는 콘크리트 구체의 자중을 지지력의 요소로 이용하는 구조물로서 앵커리지 구체의 중량과 기초저면 마찰력 및 전면부의 수동저항으로 주케이블의 인발하중을 지지하는 구조이다. 앵커리지 구체의 중량과 기초저면의 마찰력은 기존 설계에서 적용되고 있으나 보수적인 설계 관점에서 앵커리지 저면부의 수동저항은 무시되고 있다. 보다 합리적인 설계를 위해서는 앵커리지 전면부의 수동저항을 고려하는 것이 필요하며 본 절 '설계 포인트 1'에 앵커리지 전면부 수동저항에 대한 분석내용을 수록하였다.

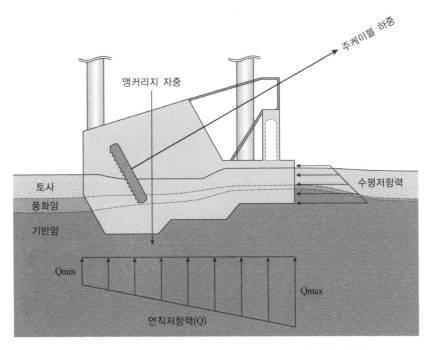

앵커리지 자중

주케이블 하중

토사

풍화암

기반암

수평저항력

Qmin

Qmax

연직저항력(Q)

[그림 3.1] 주케이블 하중에 대한 중력식 앵커리지의 저항 메커니즘

3.2 중력식 앵커리지 설계 절차

3.2.1 위치 및 형식 선정

본 절에서는 실제 설계사례를 바탕으로 중력식 앵커리지의 지반설계 절차를 설명한다. 설계사례 대상 구조물은 우리나라 최초의 현수교인 팔영대교이다. 팔영대교(적금-영남 간 연륙교 가설공사)는 전라남도 여수시 화정면 적금리에서 고흥군 영남면 우두리를 연결하는 건설공사로 2004년 11월에 착공하여 2016년 12월에 개통하였다. 교량건설의 목적은 여수-고흥 지역의 인적·물적 교통 운송체계 개선, 남해안 관광벨트 사업과 연계한 관광 자원화와 균형있는 지역발전을 도모하기 위함이다.

팔영대교는 우리나라 기술로 설계, 시공된 최초의 현수교이며, 중앙경간장 850m의 단경간 현수교로 설계속도 70km/h의 2차로 도로에 도로폭 15.5m의 유선

형 보강거더를 적용하였다. 시공 구간 및 교량 위치에 대한 현황도는 그림3.2와
같다.

[그림 3.2] 설계사례에 활용된 팔영대교의 교량 현황도(팔영대교의 설계서 재구성, ㈜
유신코퍼레이션, 2016)

설계 당시 팔영대교의 중앙 경간장은 700m와 850m 두 가지 경우로 검토되었
고, 그림3.3에서 이 두 가지 경우에 대해 앵커리지의 형식과 설치 위치를 검토한
것을 보여주고 있다. 이때 앵커리지의 위치별 지형 및 지반 현황을 고려하여 형식
을 검토하여야 한다. 팔영대교는 현수교의 상징성과 통항 선박의 안정성을 확보
하기 위해 경간장을 당초 700m에서 850m로 증가시켜 검토하였다. 중앙경간장
이 길어짐에 따라 측경간의 길이를 조절하여 케이블의 구조적 안정성을 확보할
필요가 있어 그림3.3(a)와 같이 3경간 현수교에서 그림3.3(b)와 같은 1경간 현수
교로 형식을 변경하여 설계하였다. 이때 앵커리지는 위치별 지형 및 지반 현황을
고려한 검토가 필요하며, 적금 측 방향의 앵커리지 형식 검토안은 그림3.4와 같
다. 중앙경간장이 길어짐에 따라 앵커리지 위치는 육상 쪽으로 이동하였고, 경간
구성에 따른 각각의 앵커리지 위치에 대한 지반 조건을 고려하여 적합한 앵커리
지의 규모와 형상을 검토하였다.

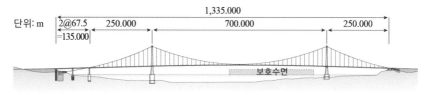

(a) 1안 : 중앙 경간장 700m

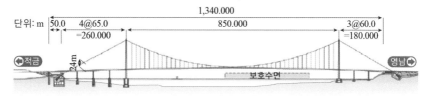

(b) 2안 : 중앙 경간장 850m

[그림 3.3] 경간장을 고려한 팔영대교의 앵커리지 위치 선정(팔영대교의 설계서 재구성, ㈜유신코퍼레이션, 2016)

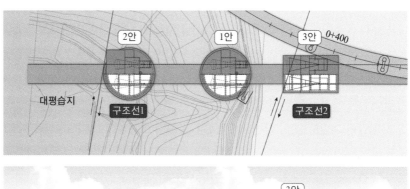

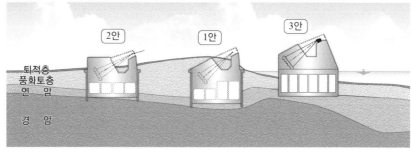

[그림 3.4] 지반조건을 고려한 팔영대교의 앵커리지 위치 및 형식 선정(팔영대교의 설계서 재구성, ㈜유신코퍼레이션, 2016)

그림3.4와 같이 교량 전체 길이와 중앙 및 측경간장에 따라 앵커리지의 위치와 형식에 대한 안을 마련하였다. 합리적인 앵커리지 위치 및 형식을 선정하기 위해 전면 수동저항에 대한 추가 안전율을 확보하고 앵커리지 기초 깊이를 최소화할 수 있는 방법을 검토하였다. 이와 같은 고려사항을 바탕으로 앵커리지를 육상부의 지층 능선 배면에 배치시켜 전면 수동저항에 대한 추가 안전율을 확보하고 기반암 심도를 고려하여 앵커리지 기초 깊이를 줄일 수 있는 합리적인 앵커리지 위치와 형식을 선정하였다.

3.2.2 지반조건 검토

팔영대교 건설공사를 위하여, 과업 구간의 지층 구성 및 지반공학적 특성을 분석하기 위해 시추조사, 현장 시험 및 실내 시험을 실시하였다. 영남 측 앵커리지 위치의 지층구성은 지표로부터 표토층, 풍화암층 및 연암층의 순서로 분포하고 있으며, 기반암은 응회암으로 지표면에서 약 1.3m 깊이에서 절리 및 균열이 발달한 상태로 분포하는 것으로 조사되었다. 조사 위치 및 지층 현황도는 그림3.5 및 그림3.6과 같다.

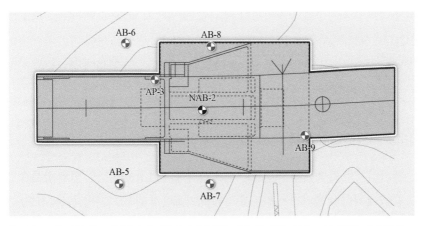

[그림 3.5] 팔영대교의 영남 측 앵커리지 주변 지반에 대한 시추조사 위치도(팔영대교의 설계서 재구성, ㈜유신코퍼레이션, 2016)

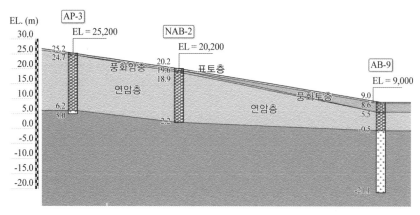

[그림 3.6] 팔영대교의 영남 측 앵커리지 주변에 대한 지층 단면도(팔영대교의 설계서 재구성, ㈜유신코퍼레이션, 2016)

광역조사는 지형 및 분석, 지질도 분석, 노두 조사, 선구조 분석 그리고 해저 정밀 지형 탐사 등을 시행했으며, 조사결과로부터 지형 및 지질 특성과 불연속면의 방향성을 확인하였다. 그 결과 교량 구간에 4개의 추정 구조선이 확인되었고 주 방향은 북북동-남남서 방향으로 분석되었다.

또한 현장조사와 실내시험을 통하여 기초지반의 변형 및 강도 특성을 분석하여 합리적인 지지층을 선정하였다. 영남 측 앵커리지 위치의 연암층은 RMR 23, RQD 10~50%, 일축압축강도 30MPa 이상이었으나, 취성 변형에 의한 파쇄대의 발달로 인해 불규칙한 강도를 보이는 것으로 확인되었기 때문에 경암층을 지지층으로 선정하였다.

3.2.3 외적 안정성 검토

앵커리지의 외적 안정성 검토는 지반설계에서 가장 핵심적인 설계 항목으로 그림3.7에 나타난 앵커리지 검토 순서에서 기초안정 검토(지지력, 활동, 전도) 항목에 해당한다. 외적 안정성 검토는 지반 및 하중 조건을 산정하고 앵커리지 구체에 대한 활동/전도/지지력을 검토하는 절차로 진행된다.

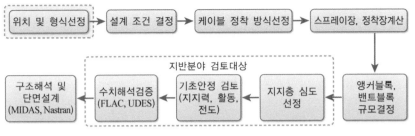

[그림 3.7] 중력식 앵커리지 설계 검토 순서

(1) 하중조건

① 하중 전달 경로

현수교 구조 특징은 상부 보강거더에서 작용하는 모든 하중이 수직행어를 통하여 주케이블로 전달되고, 주탑과 앵커리지로 하중을 지지한다. 하중에 영향을 미치는 주요 인자는 경간장, 경간수, 도로폭, 설계풍속 및 지진강도 등이며 그 외에 차량하중과 풍하중, 온도하중 등 다양한 요인이 있다.

② 하중조건

앵커리지 설계하중은 시공 중이거나 완성 후에 가해지는 모든 하중을 적용하는 것을 원칙으로 한다. 다만, 단계별 모든 작용하중을 정확하게 확정하기는 곤란하므로 가설지점의 상황, 앵커리지의 구조 및 시공방법 등을 고려하여 일반적인 하중을 선별한다. 팔영대교의 안정성 검토를 위한 하중은 보강거더, 케이블, 행어 및 부속물 등의 자중, 차량에 대한 활하중, 풍하중, 온도하중, 지점침하 및 지진하중 등을 반영하였으며, 각각의 하중조합에 따라 앵커리지에 작용하는 하중을 계산한다.

(2) 활동 검토

앵커리지 바닥에서의 수평저항능력보다 더 큰 수평력이 작용하게 되어 앵커리지 바닥이 미끄러지지 않도록 활동에 대한 안정성을 검토해야 한다. 활동에 대한 안정성 검토 시 지반의 수동저항이 발현될 것으로 판단될 경우에는 이를 반영할 수 있다. 지반의 수동저항에 관한 내용은 '설계 포인트 1'에서 다룬다.

앵커리지의 활동저항력은 기초 저면과 지반 사이의 점착력 및 마찰각에 의해 정해지며 식(3.1)로 산정한다(그림3.8 참조).

$$H_u = c_B A' + V \tan\phi_B$$ 식(3.1)

여기서, H_u = 기초바닥면과 지반과의 사이에 작용하는 전단저항력(kN)
c_B = 기초바닥면과 지반과의 부착력(kN/m²)
A' = 유효재하면적(m²)
V = 기초바닥면에 작용하는 연직하중(kN)으로서 부력을 뺀 값
ϕ_B = 기초바닥면과 지반과의 마찰각(deg)

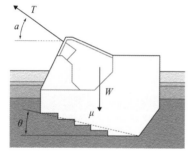
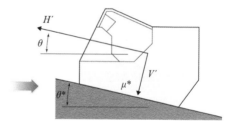

W = 앵커리지 자중
T = 케이블 장력
α = 케이블 입사각
θ = 저면 경사
μ = 접촉면 마찰계수

$$V' = W\cos\theta - T\sin\alpha\cos\theta - T\cos\alpha\sin\theta$$
$$H' = T\sin\alpha\sin\theta + T\cos\alpha\cos\theta - W\sin\theta$$

$$F.S = \frac{\mu(W\cos\theta - T\sin\alpha\cos\theta - T\cos\alpha\sin\theta)}{T\sin\alpha\sin\theta + T\cos\alpha\cos\theta - W\sin\theta}$$

[그림 3.8] 중력식 앵커리지의 활동안정성 계산 방법

(3) 전도 검토

기초저면의 하중의 작용위치는 기초 외면에서 저면폭(B)의 1/6, 극단한계상태는 1/3보다 내측으로 해야 한다.

(4) 지지력 검토

앵커리지는 보통 충분한 두께를 가지며 탄성변형량은 계산에서 무시할 수 있으므로 지반반력은 기초를 강체로 가정하여 산출할 수 있다. 편심이 허용값 이내에 있는 경우, 반력은 사다리꼴 분포이다. 지반반력은 다음 식(3.2)로 구한다.

$$q_{(max,min)} = \frac{V}{DB} \pm \frac{6M_b}{DB^2}$$

식(3.2)

여기서, D = 교축직각방향기초저면폭(m)
B = 교축방향기초저면폭(m)

설계 계산 예(지반 및 하중 조건)

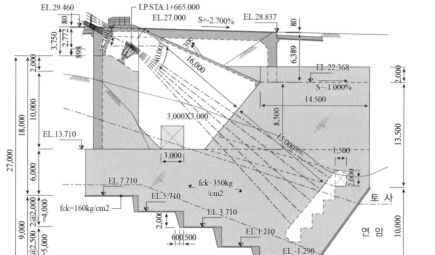

[그림 3.9] 설계 대상 중력식 앵커리지의 단면도(팔영대교의 설계서 재구성, ㈜유신코퍼레이션, 2016)

■ 하중 산정

▌극한/사용한계상태

(1) 상부 작용하중(케이블 장력, 사용한계상태 하중조합)

- 케이블 장력 T = 189,120kN/br
- 케이블 입사각 θ = 25.76°

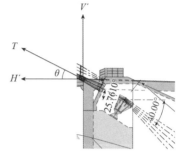

구분		합계
케이블 장력	T(kN/br)	189,120
케이블 수평력	H'(kN/br)	171,000
케이블 연직력	V'(kN/br)	83,000

[그림 3.10] 주케이블 하중에 대한 상세도

(2) 설계지반정수

토질	점착력 c (kN/m²)	내부마찰 ϕ (°)	단위중량 γ (kN/m³)	변형 계수 E (kN/m²)
토사	15	25	18.0	500
연암	120	33	26.0	16,000
경암	260	36	26.6	42,000

(3) 작용하중

- 앵커 블록 형상

직각방향폭 D = 32m   길이 L = 37.5m

단위중량 γ = 25kN/m³   기초높이 H = 8.5m

• 구체자중

구분	부피 V(m³)	중량 W(kN)	x (m)	$W \cdot x$
1	17,568	439,200	-2.65	-1,163,870
합계		439,200		-1,163,870

(x : 기초중심에서의 거리)

- 상부 라멘
  - 라멘길이 : 24.2m
  - 작용하중 : 2,100kN
  - 기초중심에시의 거리 : 14.21m

(4) 하중집계

- 저면중심에서의 하중을 집계한다.
  - 수평방향 : 교축방향 기초저면전폭(B)의 1/2 위치, B/2 = 18.75m
  - 연직방향 : 저면경사 구간 높이차이의 1/2 위치, H/2 = 4.25m

[시공 시] kN-m

구분	V	H	x	y	$V \cdot x$	$H \cdot y$	$V \cdot x + H \cdot y$
구체자중	439,200		-3		$-1,163,870$	0	1,163,870
케이블 장력	0	0	13	23	0	0	0
합계	439,200	0					1,163,870

[공용 시] kN-m

구분	V	H	x	y	$V \cdot x$	$V \cdot y$	$V \cdot x + H \cdot y$
구체자중	439,200		-3		$-1,163,870$	0	$-1,163,870$
케이블 장력	$-83,000$	171,000	13	23	$-1,062,400$	3,847,500	2,785,100
라멘 상부하중	2,100	0	14	0	29,840	0	29,840
합계	358,300	171,000					1,651,070

[하중집계] kN-m

구분	V'	H'	M
시공 시	439,200	0	1,164,000
공용 시	358,000	171,000	1,651,000

▌극단한계상태

(1) 상부 작용하중

- 케이블 장력 T = 162,000kN/br
- 케이블 입사각 θ = 25.76°

구분		합계
케이블 장력	T(kN/br)	162,000
케이블 수평력	H'(kN/br)	146,000
케이블 연직력	V'(kN/br)	71,000

(2) 설계지반정수

토질	점착력 c(kN/㎡)	내부마찰 ϕ(°)	단위중량 γ(kN/㎥)	극단상황 한계상태 변형계수 E(kN/㎡)
토사	15	25	18	1,000
연암	120	33	26	32,000
경암	260	36	26.6	84,0000

(3) 작용하중

- 앵커 블록 형상

직각방향폭 D = 32m   길이 L = 37.5m

단위 중량 γ = 25kN/㎥   기초높이 H = 8.5m

- 구체자중

구분	부피 V(㎥)	중량 W(kN)	x(m)	$W \cdot x$
1	17,568	439,200	-2.65	-1,163,870
합계		439,200		-1,163,870

(x : 기초중심에서의 거리)

- 지진 시 관성력
  - 지표면가속도(설계기준, a) : 0.1848g

구분	부피 V(㎥)	중량 W(kN)	관성력 Wa (kN)	y(m)	$Wa \cdot x$
1	17,568	439,200	81,160	13.02	1,056,750
합계		439,200	81,160	13	1,056,750

(y는 기초중심에서의 거리) xg = -1,056,750/81,160 = 13.02m

(4) 하중집계

- 저면중심에서의 하중을 집계한다.
  - 수평방향 : 교축방향 기초저면전폭(B)의 1/2위치, $B/2$ = 18.75m
  - 연직방향 : 저면경사 구간의 높이차이의 1/2위치, $H/2$ = 4.25m

[공용 시] kN-m

구분	V	H	x	y	$V \cdot x$	$H \cdot y$	$V \cdot x + H \cdot y$
구체자중	439,200		−3		−1,163,870	0	−1,163,870
지진 시 관성력	0	81,160		13		1,056,750	1,056,750
케이블 장력	−71,000	146,000	13	23	−908,800	3,285,000	2,376,200
합계	368,200	227,160					2,269,080

[하중집계] kN-m

구분	V'	H'	M
공용 시	368,000	227,000	2,269,000

■ 활동 검토

▌극한/사용한계상태

FS = $(V' \times f) / H'$ (FS : 활동에 대한 안전율)

V' = $\sum V \times \cos\beta + \sum H \times \sin\beta$ (경사면에 작용하는 수직력)

= $358,000 \times \cos16.4 + 171,000 \times \sin16.4$

= $391,710$kN

H' = $-\sum V \times \sin\beta + \sum H \times \cos\beta$ (경사면에 작용하는 수평력)

= $-358,000 \times \sin16.4 + 171,000 \times \cos16.4$

= $62,960$kN

β = $16.4°$ (저면경사각)

f = $\tan\phi = 0.65 \rightarrow 0.6$ (안전 측의 가정)

- 수평작용력 $H' = 62,960$kN
- 수평저항력 $Fr = V' \times \tan\phi = 235,026$kN
- 활동안전율 $FS = Fr / H' = 3.7 > FSa = 2$

구분	$\sum V$(kN)	$\sum H$(kN)	V'(kN)	H'(kN)	Fr(kN)	FS	FSa	판정
시공 시	439,000	0	421,140	-123,950	252,684	작용방향이 하향임		
공용 시	358,000	171,000	391,171	62,960	235,030	3.7	2	O.K

▌극단상황 한계상태

FS = $(V' \times f) / H'$ (FS : 활동에 대한 안전율)

V' = $\sum V \times \cos\beta + \sum H \times \sin\beta$ (경사면에 작용하는 수직력)

= $368,000 \times \cos16.4 + 227,000 \times \sin16.4$

= $417,120$kN

H' = $-\sum V \times \sin\beta + \sum H \times \cos\beta$ (경사면에 작용하는 수평력)

  = $-368,000 \times \sin16.4 + 227,000 \times \cos16.4$

  = 113,860kN

β = 16.4° (저면경사각)

- $\tan\phi$ = 0.65 → 0.6 (안전측의 가정)

- 수평작용력 H' = 113,860kN

- 수평저항력 $Fr = V' \times \tan\phi$ = 250,272kN

- 활동안전율 $FS = Fr / H'$ = 2.2 > FSa = 1.2

구분	$\sum V$(kN)	$\sum H$(kN)	V'(kN)	H'(kN)	Fr(kN)	FS	FSa	판정
공용 시	368,000	227,000	417,120	113,860	250,272	2.2	1.2	O.K

■ 전도 검토

▌극한/사용한계상태

e = M/V < e_a (e_a : 허용편심량 B/6)

구분	$\sum V$(kN)	$\sum M$(kN-m)	e	e_a	판정
시공 시	421,140	1,164,400	2.764	5.283	O.K
공용 시	401,310	1,651,000	4.215	5.283	O.K

▌극단상황 한계상태

e = M/V < e_a (e_a : 허용편심량 B/3)

구분	$\sum V$(kN)	$\sum M$(kN-m)	e	e_a	판정
공용 시	417,120	2,269,000	5.44	10.567	O.K

■ 지지력 검토

▎극한/사용한계상태

$$q_{(max,min)} = \frac{V}{DB} \pm \frac{6M_b}{DB^2}$$

단　D : 직각방향기초저면폭　　D= 32m

　　B : 교축방향기초저면폭　　B= 31.7m

구분	ΣV (kN)	ΣM (kN-m)	q_{max} (kN/m²)	q_{min} (kN/m²)	q_a (kN/m²)	판정	지지층
시공 시	439,000	1,164,400	650	216	2,500	O.K	경암
공용 시	358,000	1,651,000	661	45	2,500	O.K	경암

▎극단상황 한계상태

$$q_{(max,min)} = \frac{V}{DB} \pm \frac{6M_b}{DB^2}$$

단　D : 직각방향기초저면폭　　D= 32m

　　B : 교축방향기초저면폭　　B= 31.7m

구분	ΣV (kN)	ΣM (kN-m)	q_{max} (kN/m²)	q_{min} (kN/m²)	q_a (kN/m²)	판정	지지층
공용 시	417,120	2,269,000	835	-12	3,750	O.K	경암

설계 포인트1
앵커리지 전면부 수동저항

현수교의 케이블로부터 전해지는 인발 하중이 앵커리지에 작용하게 되면 앵커리지 전면에는 수동저항이 발생한다. 그러나 현재 앵커리지 설계에서는 수동저항을 고려하지 않는 보수적인 관점의 설계가 주를 이루고 있다. 따라서 앵커리지 전면부의 수동저항을 인발 지지력으로 적용할 수 있다면 보다 합리적인 설계가 가능할 것이다. 본 설계 포인트에서는 3차원 유한요소해석을 이용하여 앵커리지 전면부에 작용하는 수동저항 분석 내용을 다룬다. 이를 위해 실제 팔영대교의 중력식 앵커리지를 대상으로 하였으며, 수치해석에 는 3차원 유한요소해석 범용 프로그램인 ABAQUS(2014)를 사용하였다. 그림 3.11(a)는 중력식 앵커리지의 단면도를 나타내며, 이를 기반으로 그림 3.11(b)와 같이 3차원 요소망을 생성하였다. 본 수치해석의 목적은 앵커리지 전체계의 거동을 통해 앵커리지 전면부에 작용하는 수동저항을 분석하는 것이다. 따라서 그림 3.11(a)와 같은 모든 구성요소 및 부속품을 모델링하지 않고 그림 3.11(b)와 같이 앵커리지 내부구조를 단순화하여 모델링하였다.

지반은 지반공학에서 일반적으로 널리 이용되는 Mohr-Coulomb 모델을 적용하였고, 앵커리지 구체와 정착판은 탄성 모델을 적용하였다. 지층은 그림 3.12(a)와 같이 지표면으로부터 풍화토, 기반암 순으로 구성되어 있으며, 앵커리지의 바닥은 암반층 위에 위치하고 이때 깊이(H)만큼 앵커리지 구체가 풍화토에 근입된 조건으로 해석하였다. 따라서 수치해석에서 기반암은 풍화암, 연암 또는 경암으로 설정하였고, 그 경우 풍화토 깊이는 0m, 5m, 10m, 15m, 19.5m로 다르게 설정하였다. 그림 3.12(b)는 지반과 앵커리지를 포함한 3차원 전체 유한요소망이며, 해석 영역의 범위는 경계 조건이 앵커리지 거동에 영향을 미치지 않도록 충분히 넓게 적용하였다.

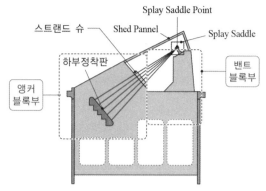

(a) 팔영대교의 중력식 앵커리지 단면도

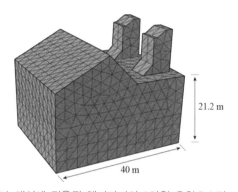

(b) 해석에 적용된 앵커리지의 3차원 유한요소망

[그림 3.11] 해석에 적용된 중력식 앵커리지의 단면도 및 3차원 유한요소망

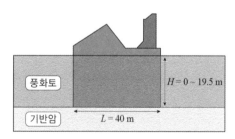

(a) 해석에 적용된 지층 조건과 앵커리지의 설치 위치

[그림 3.12] 해석에 적용된 지층 조건 및 3차원 요소망(Lim et al., 2020)

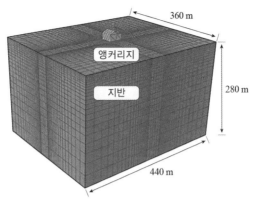

(b) 지반과 앵커리지의 3차원 요소망과 해석 영역

[그림 3.12] 해석에 적용된 지층 조건 및 3차원 요소망(Lim et al., 2020)(계속)

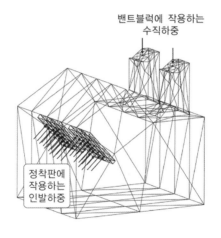

[그림 3.13] 수치해석에 적용된 하중의 종류와 위치

팔영대교에 시공된 중력식 앵커리지의 설계 케이블 장력(T)은 182,926kN
이고 밴트블록부에 작용하는 전체 연직력(V)은 75,460kN이다. 수치해석에
서는 설계하중의 2배까지 하중을 점진적으로 증가시켜가며 앵커리지 전면에
발현되는 수동저항을 정량적으로 관찰하였다.

앵커리지의 근입깊이, 즉 풍화토 깊이는 0m, 5m, 10m, 15m, 19.5m의 경우를

▶ 중력식 앵커리지의 근입깊이 및 기반암의 종류에 따른 인발 거동 분석

그림 3.14는 수치해석 결과로부터 앵커리지의 하중-변위 곡선을 산정할 때 하중과 변위의 위치를 나타낸다.

그림 3.15는 앵커리지의 근입깊이에 따른 앵커리지의 하중-변위 곡선을 나타낸다. 그림 3.15와 같이 모든 기반암 조건에서 근입깊이가 커질수록 앵커리지의 변위가 줄어드는 것을 확인할 수 있다. 이는 근입깊이가 증가함에 따라 앵커리지의 구체 전면부와 주변 지반의 접촉면이 넓어지게 되어 더 큰 수동저항이 작용하기 때문이다.

그림 3.16은 기반암이 풍화암인 경우 인발하중에 따른 앵커리지의 수평응력 분포도를 나타내며, 그림 3.16(a)와 (b)는 앵커리지의 근입깊이가 각각 5m, 19.5m인 경우의 결과이다.

근입깊이와 무관하게 모든 경우에서 앵커리지 전면부의 수평응력이 후면부보다 크게 발생하는 것을 확인할 수 있다. 특히 근입깊이가 상대적으로 얕은 경우(근입깊이= 5m) 앵커리지 오른쪽 하단 끝부분, 즉 기초 토(toe) 부분에 응력이 집중되는 것으로 나타났다.

그림 3.17은 기반암이 풍화암인 경우 인발하중에 따른 앵커리지의 변형률 분포도를 나타내며, 그림 3.17(a)와 (b)는 앵커리지의 근입깊이가 각각 5m, 19.5m에 대한 결과이다. 앵커리지의 근입깊이가 상대적으로 깊은 19.5m의 경우 지반의 소성변형이 작게 발생하고 앵커리지의 근입깊이가 얕은 5m의 경우 소성영역이 확대되는 것으로 나타났다. 그리고 앵커리지의 소성영역이 앵커리지의 근입깊이와 무관하게 앵커리지와 지반 경계면에 국한되어 있는 것을 확인할 수 있다. 따라서 지반의 수동저항력을 Rankine 이론과 같은 한계소성평형 상태를 가정하여 산정하면 설계하중이 작용했을 때 예상되는 저항력을 수치해석으로 구한 값보다는 큰 값이 나올 것이다.

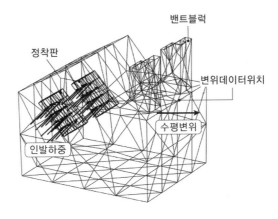

[그림 3.14] 수치해석에서 하중–변위 곡선을 산정할 때, 하중과 변위 값의 위치

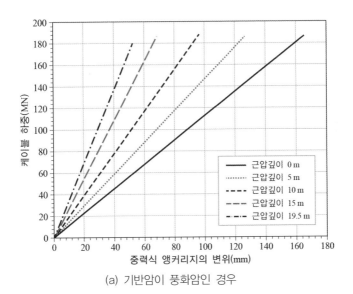

(a) 기반암이 풍화암인 경우

[그림 3.15] 앵커리지의 근입깊이에 따른 앵커리지의 하중–변위 곡선(Lim et al., 2020)

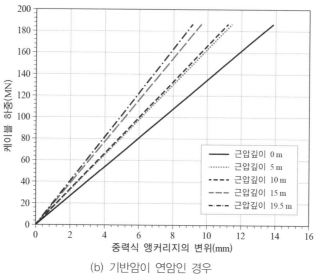

(b) 기반암이 연암인 경우

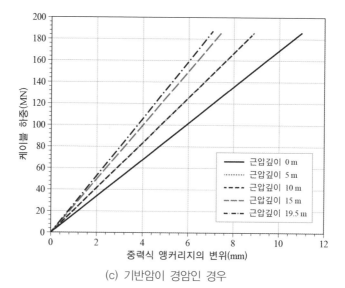

(c) 기반암이 경암인 경우

[그림 3.15] 앵커리지의 근입깊이에 따른 앵커리지의 하중-변위 곡선(Lim et al., 2020)(계속)

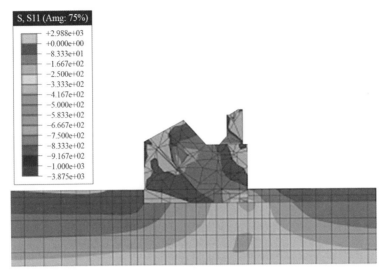

(a) 근입깊이 = 5m

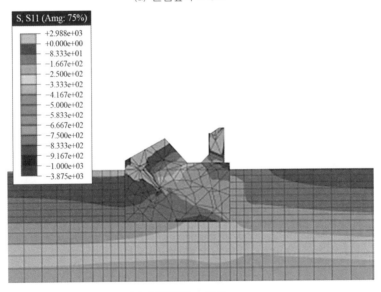

(b) 근입깊이 = 19.5m

[그림 3.16] 기반암이 풍화암일 때 근입깊이에 따른 수평응력 분포도: 하중 조건: 설계하중의 2배 적용, 범례: S11 = 수평방향 응력, 단위 = kg/cm^2, 색깔기둥에서 아래로 내려올수록 응력이 커짐

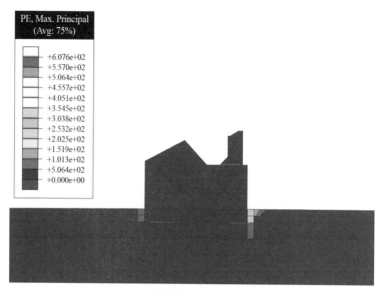

PE, Max. Principal
(Avg: 75%)

+6.076e+02
+5.570e+02
+5.064e+02
+4.557e+02
+4.051e+02
+3.545e+02
+3.038e+02
+2.532e+02
+2.025e+02
+1.519e+02
+1.013e+02
+5.064e+02
+0.000e+00

(a) 근입깊이 = 5m

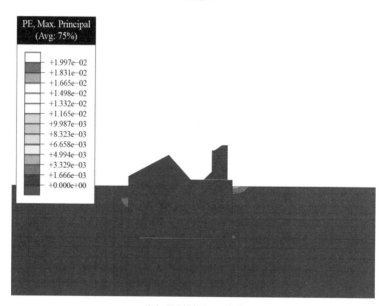

PE, Max. Principal
(Avg: 75%)

+1.997e−02
+1.831e−02
+1.665e−02
+1.498e−02
+1.332e−02
+1.165e−02
+9.987e−03
+8.323e−03
+6.658e−03
+4.994e−03
+3.329e−03
+1.666e−03
+0.000e+00

(b) 근입깊이 = 19.5m

[그림 3.17] 기반암이 풍화암일 때 근입깊이에 따른 변형률 분포도: 하중 조건: 설계하중
의 2배 적용, 범례: PE = ABAQUS 프로그램에서 소성 변형률을 칭하는 기
호, 색깔기둥에서 아래로 내려올수록 변형률이 커짐

▶ 중력식 앵커리지의 전면부 수동저항 분석

케이블 인발하중이 작용할 때 중력식 앵커리지 전면부에 발생하는 수동저항을 정량적으로 평가하고자 한다. 그림 3.18은 수치해석 결과를 바탕으로 수동저항을 산정하는 방법에 대한 모식도이다. 앵커리지의 전면부 수동저항은 앵커리지 전면부와 주변 지반이 접촉된 면적과 해석을 통해 산정된 평균수평응력을 곱하여 산정할 수 있다. 즉, 수동저항은 접촉 지반 단면적 × 평균수평응력으로 계산된다.

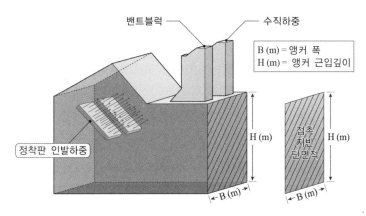

[그림 3.18] 중력식 앵커리지 전면에 발생하는 수동저항 산정 방법 모식도

앵커리지의 전면부 수동저항을 정량적으로 분석하기 위해 그림 3.19와 같이 A, A′, B의 값을 정의하였다. 점 A는 설계하중, 점 A′는 Rankine 이론식의 수동토압, B는 수치해석으로 구한 설계하중 작용 시 앵커리지 전면부의 저항력을 나타낸다. 점 A, A′, B의 값을 이용하여 식 (3.3)과 (3.4)와 같이 α, β를 정의할 수 있다. 여기서 α는 앵커리지 전체 저항력에서 전면부의 수동저항이 차지하는 비율을 의미하고, β는 Rankine 이론식 수동토압에서 전면부의 수동저항이 차지하는 비율을 의미한다.

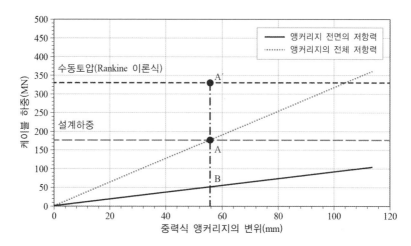

[그림 3.19] 해석결과로부터 도출된 앵커리지의 하중-변위 곡선(Lim et al., 2020)(이때 기반암은 풍화암이고 근입깊이 H = 19.5m인 경우)

$$\alpha(\%) = \frac{B}{A} \times 100 \qquad \text{식 (3.3)}$$

$$\beta(\%) = \frac{B}{A'} \times 100 \qquad \text{식 (3.4)}$$

그림 3.19는 해석 결과로부터 도출된 앵커리지의 하중-변위 곡선을 나타낸다. 앵커리지 전체에 작용하는 하중과 변위 관계를 점선으로 나타냈고 앵커리지 전면부의 수동저항과 변위의 관계를 실선으로 나타냈다.

그림 3.20은 앵커리지의 근입깊이와 기반암 조건에 따라 수행된 수치해석의 결과로부터 산정한 α 값을 나타낸다. 앵커리지 전면부의 수동저항이 10%에서 28%까지 발현되는 것을 확인할 수 있다.

그림 3.21은 앵커리지의 근입깊이와 기반암 조건에 따라 수행된 수치해석의 결과로부터 산정한 β값을 나타낸다. 근입깊이가 얕은 경우 (5m)에서는 Rankine 이론식 수동토압의 100%까지, 근입깊이 20m에서는 Rankine 이론식 수동토압의 10%까지 적용할 수 있는 것을 확인할 수 있다.

따라서 앵커리지 설계 시 수치해석을 활용하여 전면부의 수동저항을 산정하고 이를 설계에 적용할 수 있다면 좀 더 합리적인 중력식 앵커리지의 설계가 가능할 것이다.

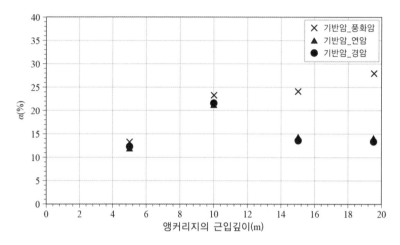

[그림 3.20] 근입깊이 및 기저암 조건에 따른 α의 분포(Lim et al., 2020)

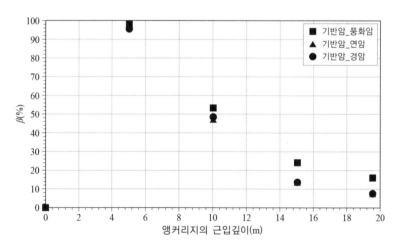

[그림 3.21] 근입깊이 및 기저암 조건에 따른 β의 분포(Lim et al., 2020)

설계 포인트2
앵커리지 기초 저면 등가활동면

그림 3.22는 현재 실무에서 이루어지고 있는 중력식 앵커리지의 활동저항 평가 방법을 보여준다. 중력식 앵커리지의 활동 안전율 평가는 입사각 α 를 갖는 케이블 장력 T와 수직 방향의 앵커리지 자중 W, 기초 저면과 지반 사이의 마찰계수 μ 로 결정된다. 현행 설계에서는 계단식 저면을 평평하게 단순화한 등가활동면으로 가정하고, 이때 저면경사는 $\theta*$ 로 가정한다. 여기에서 앵커리지에 발생하는 수직력(V')과 수평력(H')을 계산한다. 그리고 계산된 수직력에 마찰계수(μ)를 곱한 값과 수평력의 비율로 활동 안전율을 산정하게 된다. 그러나 중력식 앵커리지 기초 저면을 등가활동면으로 단순화하는 과정에서 저면 경사의 설정 방법이 정립되어 있지 않기 때문에 실무자에 따라 다르게 적용되어 왔다.

본 설계 포인트에서는 중력식 앵커리지의 활동 검토 시 적용 가능한 여러 가지 앵커리지 기초 저면 경사를 선정하여 수치해석을 통해 그에 따른 활동 저항력을 비교하였다. 본 해석에서는 상용 유한요소해석 프로그램인 ABAQUS(2014)를 사용하였다. 수치해석에 사용된 중력식 앵커리지는 국내에 시공된 노량대교, 팔영대교, 울산대교의 실제 단면과 지반 조건을 대상으로 하였다.

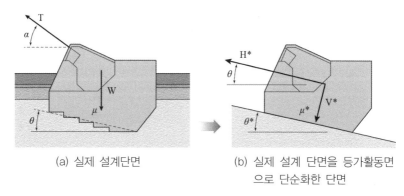

(a) 실제 설계단면   (b) 실제 설계 단면을 등가활동면으로 단순화한 단면

[그림 3.22] 중력식 앵커리지 활동의 저항 평가를 위한 계산 방법

[단위 : m]

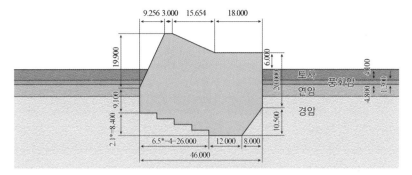

[그림 3.23] 노량대교의 중력식 앵커리지 단면도(노량대교의 설계서 재구성, ㈜유신코퍼레이션, 2009)

[단위 : m]

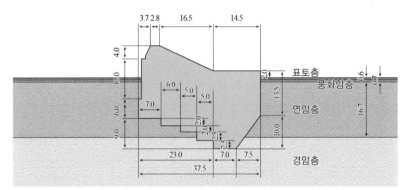

[그림 3.24] 팔영대교의 중력식 앵커리지 단면도(팔영대교의 설계서 재구성, ㈜유신코퍼레이션, 2016)

[단위 : m]

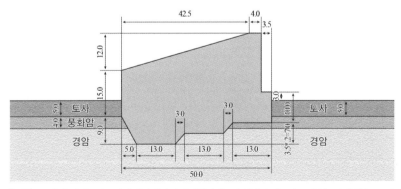

[그림 3.25] 울산대교의 중력식 앵커리지 단면도(울산대교의 설계서 재구성, ㈜유신코퍼레이션, 2009)

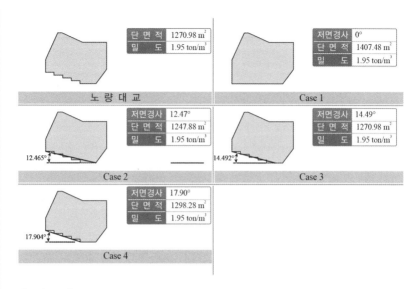

[그림 3.26] 노량대교 중력식 앵커리지의 해석 시 사용된 등가활동면(ABAQUS 프로그램에서는 단위중량을 밀도(density)로 표기하고 있음)

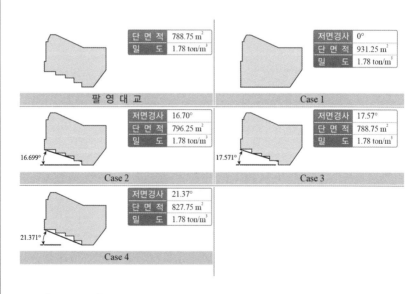

[그림 3.27] 팔영대교 중력식 앵커리지의 해석 시 사용된 등가활동면

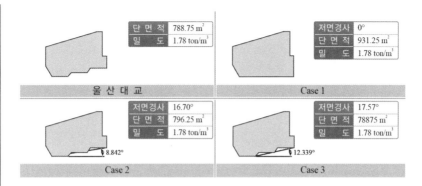

| | 단 면 적 | 788.75 m² |
| | 밀 도 | 1.78 ton/m³ |

울 산 대 교

	저면경사	0°
	단 면 적	931.25 m²
	밀 도	1.78 ton/m³

Case 1

	저면경사	16.70°
	단 면 적	796.25 m²
	밀 도	1.78 ton/m³

8.842°

Case 2

	저면경사	17.57°
	단 면 적	78875 m²
	밀 도	1.78 ton/m³

12.339°

Case 3

[그림 3.28] 울산대교 중력식 앵커리지의 해석 시 사용된 등가활동면

그림 3.23~3.25에 나타낸 실제 앵커리지 기초 저면 제원을 바탕으로 가정할 수 있는 다양한 등가활동면의 형태를 그림 3.26~3.28과 같이 선정하였다.

표 3.1~3.3은 해석케이스에 따라 등가활동면을 단순화한 앵커리지의 활동 안전율의 변화를 나타낸다. 노량대교의 경우 실제 단면 대비 해석 케이스의 안전율 오차는 0~2.13%를 보이고, 팔영대교의 경우 실제 단면 대비 해석 케이스의 안전율 오차는 2.69~3.85%를 보인다. 또한 울산대교의 경우에는 실제 단면 대비 해석 케이스의 안전율 오차는 0~3.70%의 차이를 보여 모든 해석 케이스에서 실제 단면 대비 활동 안전율의 차이가 아주 미미한 것으로 확인되었다.

그림 3.29는 수치해석의 결과로서 앵커리지의 수평 변위와 수평 접촉력 곡선을 보여준다. 모든 해석 조건에서 변위가 증가함에 따라 수평 방향 접촉력이 선형적으로 증가하고, 한계 상태에 도달하면 일정한 크기를 유지하는 양상을 나타낸다. 케이블 하중 크기는 노량대교는 235.44MN, 팔영대교는 185.53MN, 울산대교는 271.28MN으로, 설계하중의 수준에서는 기초 저면 형상 및 각도와 관계없이 수평 방향 접촉력의 크기가 거의 일치하는 것으로 나타났다.

본 해석 결과를 바탕으로 중력식 앵커리지가 연암 이상 암반에 근입된 경우에는 경사(계단) 각도에 따른 활동저항과 안전율의 차이가 거의 발생하지 않는다는 것을 확인하였다. 따라서 설계 적용 가능한 등가활동면의 각도 내에서 중력식 앵커리지의 등가활동면 산정 시 다양하게 나타나는 기초 저면의 각도는 앵커리지의 활동저항력이 큰 영향을 주지 않는 것으로 확인되었다. 따라서, 터파기 비용을 최소화하는 조건으로 등가활동면을 산정하는 것이 앵커리지의 시공 경제성을 높일 수 있을 것으로 판단된다.

[표 3.1] 수치해석으로부터 산정된 노량대교 해석 케이스별 활동 안전율 변화

해석케이스	최대 수평 접촉력 (MN)	수평 케이블하중 (MN)	안전율[1]	오차(%)[2]
실제단면	362.43		1.88	−
Case 1	368.94	235.44 × cos(35.20°) =192.39	1.92	2.13
Case 2	355.69		1.85	−1.60
Case 3	361.92		1.88	−
Case 4	367.01		1.91	1.60

* [1] 최대 수평 접촉력/수평 케이블하중
[2] (각 case별 안전율−실제단면 안전율)/실제단면 안전율×100(%)

[표 3.2] 수치해석으로부터 산정된 팔영대교 해석 케이스별 활동 안전율 변화

해석케이스	최대 수평 접촉력 (MN)	수평 케이블하중 (MN)	안전율	오차(%)
실제단면	434.80		2.60	−
Case 1	450.53	185.53 × cos(25.76°) =167.09	2.70	3.85
Case 2	445.74		2.67	2.69
Case 3	446.20		2.67	2.69
Case 4	448.44		2.68	3.08

[표 3.3] 수치해석으로부터 산정된 울산대교 해석 케이스별 활동 안전율 변화

해석케이스	최대 수평 접촉력 (MN)	수평 케이블하중 (MN)	안전율	오차(%)
실제단면	641.06		2.70	−
Case 1	637.44	271.28 × cos(28.94°) =237.40	2.69	−0.37
Case 2	642.11		2.70	−
Case 3	663.64		2.80	3.70

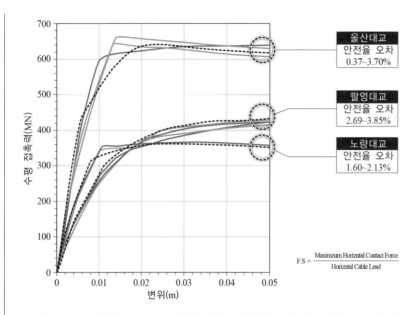

[그림 3.29] 수치해석으로부터 산정된 해석 케이스별 수평하중-변위 관계 및 안
전율 비교

설계 포인트3
중력식 앵커리지의 기하학적 형상의 영향

　본 설계 포인트에서는 중력식 앵커리지 설계 시 활동저항을 합리적으로 고려하기 위해 계단의 경사효과(계단 너비, 폭 등) 및 지반 조건에 따라 앵커리지의 거동 변화를 분석하였다. 이를 위하여 유한요소 해석기법을 적용하였으며, 지반공학 범용 프로그램인 Plaxis 2D(2020) 프로그램을 사용하여 평면변형률(plane strain) 조건으로 모델링을 하였다. 앵커리지 단면은 설계 방법, 제원에 따라 복잡 다양한 형상을 가진다. 따라서 계단의 층수, 계단의 경사(폭, 높이), 뒷굽 제원 등에 따라 앵커리지의 활동저항 거동을 분석하기 위해 다음 그림 3.30과 같이 중력식 앵커리지 조건을 일반화하였다. 앵커리지의 기본적인 제원은 폭 B, 높이 H로 정의하였고, 케이블 장력 T가 α 의 각도로 작용하는 것으로 가정하였다. 지표면 밖으로 노출되는 앵커리지의 상부 형상은 활동저항과는 무관하므로 평평한 형태로 단순화하였다. 일반적으로 중력식 앵커리지는 구조체 자중이 전체 거동에 지배적으로 작용하므로, 상부 형상보다는 자중으로 고려하는 것이 합리적일 것으로 판단하였다.

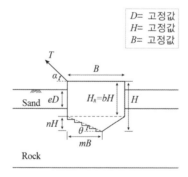

[그림 3.30] 중력식 앵커리지의 일반화 모델

　그림 3.31는 해석 모델의 해석 영역 및 유한요소해석망을 나타낸다. 해석범위는 앵커리지의 케이블 장력에 의한 활동저항 거동 시 발생하는 응력 및 변위 영향을 최대한 받지 않는 영역까지 확장하여 경계조건을 설정하였다.

좌우경계면은 앵커리지 기초를 중심으로 좌우로 앵커리지 기초 폭의 10배 (10B)를 적용하였고, 하부경계면은 앵커리지 기초 폭의 10배(10B)를 적용하였다.

해석 mesh는 2차원 평면 변형률 조건의 15 절점 요소를 사용하여 모델링하였고, 전체 약 8,000-10,000개의 요소로 해석 모델이 구성되어 있다. 이는 mesh 자동 생성 기능으로 인하여 각 케이스마다 그 형태와 개수가 조금씩 상이하다.

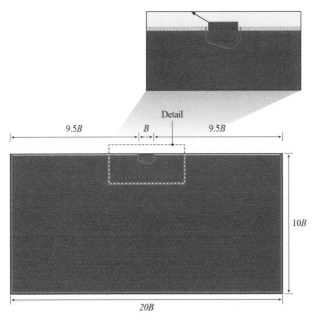

[그림 3.31] 해석 모델의 대표 단면

본 해석 모델은 크게 상부 토사층, 기반암층, 앵커리지로 구분된다. 본 연구에서는 상부 토사층을 '조밀한 사질토(dense sand)', 기반암층을 '연암(soft rock)'으로 가정하여 해석을 수행하였다. 또한 상부 토사층 및 기반암층은 지반 요소로 Mohr-Coulomb 탄소성 모델을 적용하였으며, 앵커리지는 선형 탄성 모델을 적용하여 해석하였다. 해석 모델의 입력 물성치는 다양한 설계 사례와 문헌값들을 참고하여 설정하였다. 설계 사례는 노량대교, 팔영대교, 울산대교의 지반 조사 보고서를 참조하였고, 문헌은 관련되어 게재된 논문들을 참조하였다. 다음 표 3.4는 본 해석에서 사용된 재료의 물성값을 나타낸다.

[표 3.4] 수치해석에 사용된 재료의 물성

Properties	γ (kN/m³)	ν	E (MPa)	c (kPa)	ϕ (°)	R_{int}
Dense Sand	18.5	0.35	40	0	30	0.67
Soft rock	23	0.25	1,300	100	37.5	1.0
Anchorage	17.8	0.2	28,000	–	–	–

앵커리지에 작용하는 케이블 장력의 입사각(α)은 30°로 고정하였고, 앵커리지 모델의 경계에 변위를 발생시킨 후 발생하는 저항력을 검토하는 변위 제어(displacement control) 방법을 적용하여 해석하였다. 해석 단계는 총 2단계로 구성하였다. 해석 1단계에서는 현 지반의 초기응력을 구현하는 단계로, 깊이에 따라 $\sigma_v = \gamma z$ 와 같이 증가하는 것으로 가정하였으며 수평응력(σ_h)는 수직응력에 토압계수(K_0)를 곱한 값으로 적용된다. 해석 2단계에서는 앵커리지 시공 및 하중 작용 단계로 앵커리지 변위를 제어하여 케이블 하중을 작용하였다. 이때 저항력이 더 이상 증가하지 않는 단계까지 변위를 발생시키며, 이 상태를 극한 상태로 가정하였다.

중력식 앵커리지의 기초 저면의 계단 경사효과에 따른 활동저항 거동을 분석하기 위해 해석 케이스를 선정하여 매개변수 연구를 수행하였다. 모든 영향인자에 대한 변위-저항력반력 곡선을 각 케이스별로 도시하여 정량적인 평가를 하고자 하였다. 각 케이스의 앵커리지 거동 효과를 정량화하기 위하여 다음 그림 3.32와 같이 변위-반력 곡선에서 0.002B(=앵커리지 폭의 0.2%), 0.004B(= 앵커리지 폭의 0.4%), 0.006B(= 앵커리지 폭의 0.6%)의 변위가 발생할 때 저항력의 크기를 기준으로 하였다. 각 변위량 수준에 해당하는 저항력의 크기를 비교하여 가장 작은 값 RF_{min} 을 결정하고, 해당하는 저항력과의 비율을 산정하게 된다. 따라서 가장 작은 값 대비하여 증감의 정도를 분석하여 활동저항 거동을 정량적으로 평가하고자 한다.

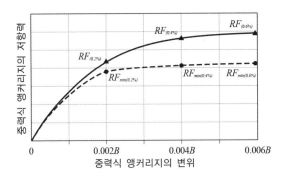

[그림 3.32] 수치해석으로 도출된 결과의 분석 방법

하지만 단순히 변위-저항력 곡선으로 앵커리지의 활동저항력으로 평가하기 어렵다. 그 이유는 중력식 앵커리지는 구조체의 자중이 앵커리지 거동에 가장 큰 영향을 미치는 요소이기 때문이다. 조건에 따라 형상이 변화하고 이에 따라 자중이 달라지기 때문에 앵커리지 구조체의 자중에 대한 검토도 필요하다. 자중에 대한 비교는 다음 식(3.1)과 같이 단면적에 대한 증감률로 산정하였다.

$$R_A = \frac{A - A_{\min}}{A_{\min}}$$ 식(3.1)

여기서, R_A = 증감률 (%), A = 단면적 (㎡), $A_{\min}$ = 해석케이스 중 최소 단면적 (㎡)

- 앵커리지 저면에서 계단이 차지하는 비율의 영향 (m)
계단 너비의 영향을 분석하기 위해 총 6 케이스(계단식 단면)의 해석을 수행하였다. 너비의 영향을 나타내는 m은 0.5~1.0까지 변화시켰으며, m=0.5는 계단의 끝점이 앵커리지 중앙에 위치하며, m=1은 계단의 끝점이 앵커리지 우측단에 위치하는 경우이다. 해석 시 계단의 높이 영향 계수 n=0.3, 상부 토사층 영향 계수 e=0.2로 고정하였다.
그림3.33은 저면에서 계단이 차지하는 비율(계단 너비 변화)에 따른 변위-반력 곡선을 나타낸다. 그림에서 나타나듯이 m=0.5와 m=0.6은 거의 유사한

형태를 나타내며, m=0.7부터 극한 반력값이 커지는 것을 확인할 수 있다. m=1.0인 경우 극한 저항력값이 가장 크게 나타나며, 이를 통해 계단의 너비가 커질수록 앵커리지의 활동저항력이 커지는 것을 알 수 있다. 이를 각 변위 단계에 따른 활동저항력을 분석하고자 표 3.5와 같이 정리하였다. 결과에 따르면, m=0.6인 경우는 m=0.5에 비해 자중이 0.35% 증가하였지만 활동저항력은 그 비율보다 작게 나타나 계단 효과가 크지 않은 것으로 나타났다. m=0.7 이상인 경우에는 자중 증가량보다 활동저항 증가량이 크므로, m=0.7~1.0으로 설계하는 것이 효과적일 것으로 판단된다. m=1.0인 경우, m=0.5에 대비하여 7.32~8.35%의 활동저항력이 크게 나타나 계단 효과가 가장 큰 것으로 나타났다.

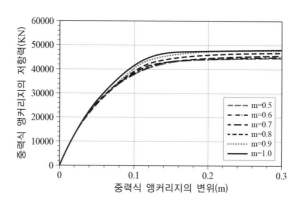

[그림 3.33] 앵커리지 저면에서 계단이 차지하는 비율에 따른 앵커리지의 변위–저항력 곡선

[표 3.5] 계단 너비에 따른 활동저항력 결과

m	$(RF - RF_{min})/RF_{min}$(%)			R_A(%)
	0.002B	0.004B	0.006B	
0.5	0.00	0.00	0.00	0.00
0.6	0.14	0.07	−0.11	0.35
0.7	1.07	1.26	1.98	0.69
0.8	2.25	3.90	4.7	1.04
0.9	5.95	5.79	6.91	1.39
1.0	8.35	7.93	7.32	1.73

- 앵커리지 저면에서 계단부 높이의 영향 (n)

계단 높이의 영향을 분석하기 위해 총 6 케이스(계단식 단면)의 해석을 수행하였다. 높이의 영향을 나타내는 n은 0.0~0.5까지 변화시켰으며, n=0.0은 계단이 없고 앵커리지가 사각형 형태이며, n=0.5는 계단의 높이가 앵커리시 전체 높이에서 중앙에 위치하는 경우이다. 해석 시 계단의 너비 영향 계수 m=0.8, 상부 토사층 영향 계수 e=0.2로 고정하였다.

다음 그림 3.34는 앵커리지 저면에서 계단부 높이에 따른 변위-저항력 곡선을 나타낸다. 해석 결과, n=0.5인 경우는 극한 상태까지 해석이 수렴하지 않아 본 결과에서는 제외하였다. 계단 높이에 대한 영향은 앞서 살펴본 계단 너비에 대한 영향보다 더 큰 차이를 보인다. 그 이유는 계단 높이에 따라 중력식 앵커리지의 자중이 크게 달라 활동저항에 영향을 크게 미치는 것으로 판단된다. n=0.4인 경우 앵커리지의 자중이 가장 작게 되고, n=0.0인 경우 사각형의 형태를 나타내므로 가장 큰 자중을 가지게 된다. 각 케이스마다 극한 저항력값을 보게 되면 거의 일정한 비율로 차이를 보이는 것을 확인할 수 있다. 만약 계단의 폭이 고정되어 있다면 계단의 높이가 높을수록 활동저항력이 크게 나타난다.

이를 각 변위단계에 따른 활동저항력을 분석하고자 표 3.6과 같이 정리하였다. 앞서 설명하였듯이 계단 높이에 따른 앵커리지의 자중이 최소 케이스 대비 약 5.05~20.19% 증가하여 다른 영향인자에 비해 그 증가량이 큰 것으로 나타났다. 변위량이 작은 수준(0.002B)에서 n이 증가함에 따라 자중 증가량 대비하여 활동저항 증가량이 작게 나타난다. 즉, 작은 변위 수준에서는 앵커리지의 계단 높이를 높게 하여 경제성을 추구하는 설계가 적절할 것으로 판단된다. 하지만 변위량이 큰 수준(0.004B, 0.006B)에서는 n이 증가함에 따라 자중 증가량보다 활동저항 증가량이 크게 나타났다. 이는 변위량이 크게 나타나는 경우에는 계단 높이에 대한 영향이 크게 나타나게 되어 설계 시 높이를 낮게 하면서 경제성(콘크리트 물량)을 고려하는 것이 효율적일 것으로 판단된다.

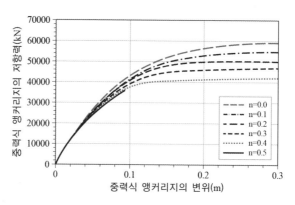

[그림 3.34] 앵커리지 저면 계단부 높이에 따른 앵커리지의 변위-저항력 곡선

[표 3.6] 계단 높이에 따른 활동저항력 결과

n	$(RF - RF_{min})/RF_{min}(\%)$			$R_A(\%)$
	0.002B	0.004B	0.006B	
0.0	15.52	35.98	39.89	20.19
0.1	11.34	29.30	29.74	15.14
0.2	7.10	20.06	18.92	10.10
0.3	3.27	10.97	10.37	5.05
0.4	0.00	0.00	0.00	0.00
0.5	–	–	–	–

- 앵커리지 비대칭(뒷굽 높이) 영향

앵커리지 형상이 비대칭인 경우 활동저항력 영향을 검토하기 위해 그림 3.30에서 파라미터 b를 조정하여 총 6케이스의 계단식 단면에 대해 해석을 수행하였다. 즉, 앵커리지 계단의 시작점과 뒷굽 시작점이 동일한 경우가 아닌 독립적인 경우를 의미한다. 본 해석에서는 앵커리지 뒷굽 부분인 우측 높이를 다르게 하기 위해 b를 0.5~1.0까지 변화시켰다. b=0.5는 뒷굽 시작점이 앵커리지 전체 높이의 중앙에 위치하는 경우이고, b=1.0은 뒷굽 시작점이 계단 하단의 높이와 동일한 경우를 의미한다. 해석 시 계단의 너비 영향 계수 m=0.8, 계단 높이 영향 계수 n=0.3, 상부 토사층 영향 계수 e=0.2로 고정하였다.

그림 3.35는 앵커리지 뒷굽 높이에 따른 변위-저항력 곡선을 나타낸다. b =0.5와 b=0.6인 경우는 극한 상태까지 해석이 수렴하지 않아 다른 케이스와 비교가 어려워 설명에서 제외하였다. b=0.7을 기준으로 다른 케이스를 비교해보면 극한 저항력값 차이가 크지 않고, b가 커질수록 활동저항력이 커지는 것을 확인할 수 있다. 이를 각 변위단계에 따른 활동저항력을 분석하고자 표 3.7과 같이 정리하였다. 결과를 살펴보면 b가 커질수록 자중이 증가하게 되는데, 변위량이 작은 수준(0.002B)에서는 모든 케이스가 자중 증가량 대비하여 활동저항 증가량이 크게 나타난다. 이는 변위가 많이 발생되지 않을 것으로 예상된다면 뒷굽의 시작점을 낮은 위치로 설계하여 경제성을 높일 수 있다. 반대로 큰 변위 수준에서는 자중 증가량 대비하여 활동저항 증가량과 큰 차이가 없으므로 콘크리트 물량을 최소화할 수 있는 형상(최소한의 활동저항력 확보 필요)으로 설계하는 것이 적절할 것이다.

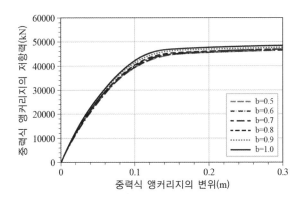

[그림 3.35] 앵커리지 뒷굽 높이에 따른 앵커리지의 변위-저항력 곡선

[표 3.7] 앵커리지 뒷굽 높이에 따른 활동저항력 결과

b	$(RF - RF_{min})/RF_{min}$ (%)			R_A (%)
	0.002B	0.004B	0.006B	
0.5	−	−	−	−
0.6	−	−	−	−
0.7	0.00	0.00	0.00	0.00
0.8	2.01	0.85	1.39	1.14
0.9	4.55	2.79	2.23	2.29
1.0	7.88	4.27	4.25	3.43

- 상부 토사층의 영향

현수교 중력식 앵커리지는 현장 여건에 맞게 위치 선정 및 설계가 이루어지는 특징이 있다. 따라서 지층 조건이 다양하게 나타날 수 있으므로 이에 대한 분석이 필요하다. 상부에는 조밀한 사질토층과 하부에는 연암층으로 가정하고, 사질토 층의 높이(또는 암반 근입 깊이)에 대한 영향을 분석하기 위해 총 6 케이스(계단식 단면)의 해석을 수행하였다. 상부 토사층의 영향을 나타내는 e는 0~0.5까지 변화시켰으며, e=0은 토사층이 존재하지 않고 모두 암반층에 근입되어 있는 경우를 의미하고, e=0.5는 앵커리지 근입 깊이의 절반은 토사층, 절반은 암반층으로 구성되어 있는 지층을 의미한다.

해석 시 계단의 너비 영향 계수 m=0.8, 계단의 높이 영향 계수 n=0.3으로 고정하였다. 즉, 앵커리지 형상은 변하지 않고 지층만 변화하는 경우이다.

다음 그림 3.36은 상부 토사층 깊이에 따른 변위-반력 곡선을 나타낸다. e=0인 경우 극한 상태까지 해석이 수렴하지 않아 본 결과에서는 제외하였다. 상부 토사층의 높이가 작을수록 극한 반력값은 증가하는 경향을 나타낸다. 이는 앵커리지 활동에 대한 저항이 커지는데, 활동 방향의 수동 저항력이 토사층보다 암반층에서 크게 발현되기 때문이다. 각 케이스마다 극한 반력값을 보게되면 거의 일정한 비율로 차이를 보이는 것을 확인할 수 있다.

이를 각 변위단계에 따른 활동저항력을 분석하고자 표 3.8과 같이 정리하였다. 본 해석에서는 앵커리지 형상이 변하지 않으므로 자중 변화는 없다. 결과를 살펴보면 e가 작아질수록(암반 근입 길이가 증가) 활동저항 증가량이 6.23~31.03%까지 증가한다. 이는 앵커리지 설계 시 암반 근입 길이가 앵커리지의 활동저항 거동에 가장 지배적인 요인으로 볼 수 있을 것이다.

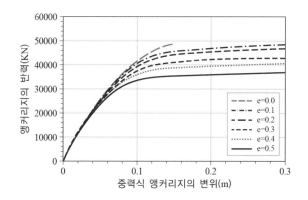

[그림 3.36] 상부 토사층 깊이에 따른 앵커리지의 변위-반력 곡선

[표 3.8] 상부 토사층(암반 근입 길이)에 따른 활동저항력 결과

e	$(RF - RF_{min})/RF_{min}$ (%)		
	0.002B	0.004B	0.006B
0.0	−	−	−
0.1	19.28	31.03	30.65
0.2	15.15	27.17	25.69
0.3	10.90	16.53	16.27
0.4	6.23	10.44	9.69
0.5	0.00	0.00	0.00

3.2.4 내적 안정성 검토

앵커리지 구체가 케이블 장력에 대하여 안정성을 확보하고 지반으로 하중을 안전하게 전달함으로써 안전율을 확보할 경우, 구체의 내적 안전성을 검토하여야 한다. 중력식 앵커리지에서 앵커블럭의 안전성 확보를 위하여 케이블의 펼침길이(앵커스판 길이)와 정착길이(앵커프레임 매입 길이)를 검토한다. 펼침길이에 대하여 정확하게 확립된 설계법은 없지만 앵커스판 내에서 스트랜드 위치별 응력 편차를 계산하여 그 길이를 결정하는 것이 일반적이다. 정착길이는 케이블 장력과 가상 파괴쐐기의 자중 및 저면 전단 저항력의 비로 검토하며, 기존 교량의 설계사례를 분석으로 적정성을 평가한다. 안전성 검토 조건은 일본 하부구조 설계기준을 준용할 경우 그 상세 계산 과정은 다음과 같다.

(1) 작용하중 산정

구체 안정성 검토를 위하여 주케이블의 장력, 케이블의 입사각 및 굴절각 등을 고려한다.

(2) 케이블 펼침길이 검토

① 기본식

가설이 완료된 시점에서 케이블의 스프레이 새들의 위치 점O이 교통 하중 등으로 인한 하중 증가에 따라 스트랜드가 Δl_0만큼 신장되어 점S까지 이동하였을 경우에 대하여 스트랜드의 길이 변화량의 차이로 인한 응력 편차량을 계산하여 케이블의 안정성을 확인하는 것으로 펼침길이를 검토한다(이승우, 2003). 새들 위치의 스프레이 점의 이동에 대한 영향을 검토하기 위한 개요도는 그림3.37과 같으며, 스프레이 점의 이동 방향은 수평방향에 대하여 $(\alpha + \theta_1)/2$의 방향이다.

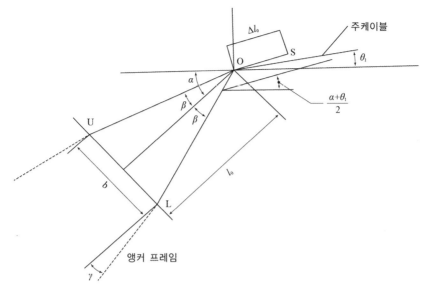

[그림 3.37] 케이블 정착길이 검토를 위한 새들 위치의 스프레이 점 이동 개요도
(이승우, 2003)

x,y 좌표축에 대하여 점S의 좌표는(양의 방향),

$$x = \Delta l_0 \times \cos\frac{\alpha + \theta_1}{2}$$ 식(3.2)

$$y = \Delta l_0 \times \sin\frac{\alpha + \theta_1}{2}$$ 식(3.3)

최하층 스트랜드의 고정점 L의 좌표는(음의 방향),

$$x' = l_a \times \cos(\alpha + \beta)$$ 식(3.4)

$$y' = l_a \times \sin(\alpha + \beta)$$ 식(3.5)

최상층 스트랜드의 고정점 U의 좌표는(음의 방향),

$$x'' = l_a \times \cos(\alpha - \beta)$$ 식(3.6)

$$y'' = l_a \times \sin(\alpha - \beta)$$ 식(3.7)

이로부터, 신장된 스트랜드의 길이 $\overline{US}$ 및 $\overline{LS}$는

$\overline{LS}^2 = (x + x')^2 + (y + y')^2$, $\overline{US}^2 = (x + x'')^2 + (y + y'')^2$ 로 각각 계산한다.

이때, $\Delta l_0 = l_a \times \epsilon = \dfrac{\sigma_a - \sigma_0}{E}$,

$$H = \frac{wl^2}{8f} = \frac{78.5\,A_c \times l}{8n},$$

$$\sigma_0 = \frac{T}{A_c} = \frac{H\sqrt{1 + 16n^2}}{A_c}$$

여기서, l_a는 스트랜드 길이이며, $l_a = l_0/\cos(\beta)$(l_0=펼침길이),

$\quad\quad \theta_1$는 입사각(도),

$\quad\quad \alpha$는 굴절각(도),

$\quad\quad H$는 케이블의 수평장력,

$\quad\quad l$은 중앙경간장,

$\quad\quad w$는 케이블자중에 의한 등가 등분포하중,

$\quad\quad A_c$는 케이블의 단면적,

$\quad\quad T$는 케이블 장력,

$\quad\quad f$는 중앙경간의 새그,

$\quad\quad n$은 새그비,

$\quad\quad \sigma_0$는 케이블의 허용응력

$\quad\quad \sigma_a$는 사하중 및 활하중 상태내에서의 케이블의 응력을 나타낸다.

이로부터, 최상층 및 최하층 스트랜드 간의 응력차 $\Delta\sigma$는 다음과 같이 계산한다.

$$\Delta\sigma = \epsilon \times E = \frac{\overline{US} - \overline{LS}}{l_a} \times E \qquad\qquad 식(3.8)$$

또한, 식 (3.8)을 삼각함수의 정리를 이용하여 간단하게 나타내면 다음과 같다. 식이 전개되는 과정은 이승우(2003)를 참고한다.

$$\Delta\sigma = 2 \times (\sigma_a - \sigma_0) \times \sin(\beta) \times \cos\frac{(a - \theta_1)}{2}$$ 식(3.9)

(3) 케이블 정착길이 검토

정착길이는 앵커블럭 전면에서 하부 정착판까지의 거리를 나타낸다. 정착장은 케이블 장력 T와 앵커블록의 자중을 고려하여 활동안전율에 대하여 검토한다.

■ 케이블 펼침길이 검토

▌작용하중(케이블 장력, 사용한계상태 하중조합)

구분	조건	비고
케이블 장력	1,356,390kN/Cable	1면 케이블당
케이블 입사각	25.7°	
케이블 굴절각	40.0°	

팔영대교의 펼침길이 검토에 대한 설계 사례를 살펴보면 다음과 같다.

케이블 자중에 대한 등가 등분포 하중 w = 78.5MN

케이블의 허용응력 σ_0 = 720MPa

케이블의 탄성계수 E = 2.0×105MPa

입사각 θ_1 = 25.76°, 굴절각 α = 40°, 스프레이 각 β = 7°

새들 이동 방향 k = 32.88°

새그 f = 94m

새그비 n = 1/9

중앙경간장 l = 850m

스프레이장 l_0 = 16m

최상하단 스프레이장 l_a = 16.12

케이블 허용응력 σ_a = 720MPa

케이블 단면적 A = 0.147㎡

케이블 탄성계수 E = 200,000MPa

등가등분포 하중 w = 7.85MN을 적용할 경우

스프레이 새들 이동량 Δl_0 = 0.058m

각 점의 좌표는 다음과 같고,

x = 0.048, y = 0.031

x' = 13.519, y' = 8.779

x'' = 10.993, y'' = 11.789

최상하단 스트랜드의 길이는 US=16.178m, LS=16.176m로 계산되며, 최종적으로 응력 $\Delta\sigma$=21.69MPa이다.

따라서 팔영대교의 경우 응력 변화량은 허용응력에 대해 약3%의 여유가 있으므로, 설계에 적용한 펼침길이는 새들의 이동량에 대하여 안전한 길이를 확보한 것으로 검토된다.

■ 케이블 정착길이 검토

① 앵커블록 쐐기 자중

정착길이 및 파괴 범위에 포함된 콘크리트를 고려하여 그림3.38과 같이 자중을 계산하며, 다음 표와 같다.

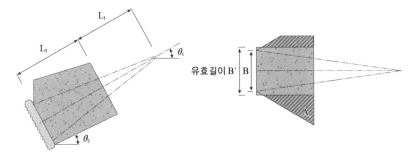

[그림 3.38] 케이블 정착길이 검토를 위한 자중 계산 개요도

정착장, L_2(m)	면적, A_1(㎡)	쐐기파괴각, θ_2	유효길이, B'(m)	자중 W(kN)
17.0	285.475	18.706	9.9	70,949
18.0	290.879	19.748	10.5	76,073
19.0	311.111	20.707	11.0	85,392
20.0	331.700	21.583	11.4	94,659

주) 콘크리트 단위중량 : 25kN/㎥, 단면적 A_1는 CAD에서 산정(참고용 수치임)

② 전단응력 검토

정착장 길이별로 계산된 콘크리트 구체의 자중에 대하여 다음 수식을 사용하여 가상 파괴면에 대한 전단응력을 검토한다.

식(3.10)

$$\tau = \frac{(T_h - W_h)}{A} < \tau_a$$

여기서, A_2 : 가상 쐐기파괴면의 단면적 = $B' \times L_2$

τ_a : 허용전단응력 = $0.08 \sqrt{f_{ck}} = 0.08 \sqrt{35} = 473$kPa이다.

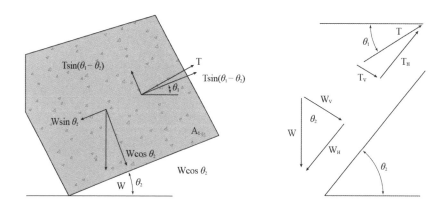

[그림 3.39] 케이블 정착길이 검토를 위한 전단응력 검토 개요도

앵커리지의 정착 블록에 대한 구체 내부의 전단응력 검토 결과는 아래 표와 같다.

L_2 (m)	W (kN)	W_h (kN)	T_h (kN)	A_2 (m²)	τ (kPa)	판정
17.0	70,949	22,754	133,481	169	655	N.G
18.0	76,073	25,704	133,897	188	575	N.G
19.0	85,392	30,194	134,241	209	499	N.G
20.0	94,659	34,820	134,522	228	437	O.K

주) 콘크리트 단위중량 : 25kN/m³, 단면적 A_2는 CAD에서 산정(참고용 수치임)

③ 활동 안정성 검토

최종적인 정착장에 대한 안정성 확인은 정착장 내부의 쐐기블록이 가상 파괴 면을 따라 미끄러지는 경우에 대한 활동안전율을 산정하여 수행한다. 이때 기준 안전율을 1.5로 검토한 검토 결과는 아래 표와 같으며, 활동 안정성 검토 결과 필요 정착장은 20m이다.

식(3.11)

$$FS = \frac{\tau_a + (W_h + f(W_v - T_v)}{T_h}$$
$$= \frac{\tau_a + (W\sin\theta_2) - f(W\cos\theta_2 - T\sin(\theta_1 - \theta_2))}{T\cos(\theta_1 - \theta_2)} \geq 1.5$$

여기서, FS = 전단마찰에 대한 안전율,

f = 저면마찰계수(콘크리트 전단 저항각)

L_2(m)	τ_a	W_h	W_y	T_v	T_h	FS	판정
17.0	110,726	22,754	67,201	24,101	133,481	1.32	N.G
18.0	108,193	25,704	71,599	21,670	133,897	1.37	N.G
19.0	104,047	30,194	79,876	19,426	134,241	1.45	N.G
20.0	99,702	34,820	88,022	17,371	134,522	1.53	O.K

3.3 터널식 앵커리지 저항 메커니즘

터널식 앵커리지는 지지되는 암반의 강도 및 불연속면 특성, 앵커리지의 형상 등을 분석하여 합리적으로 가정한 파괴각도에 근거하여 인발저항력을 산정하고 활동에 대한 안정성을 검토해야 한다. 우리나라의 설계는 파괴면이 앵커리지 구체의 축방향 외면을 따라서 직선 분포하는 것으로 가정하고 있다. 또한, 파괴각도 뿐만 아니라 터널 굴착에 따른 암반의 이완 및 손상 범위와 그 강도에 대해서도 명확한 기준이 정립되어 있지 않아 이에 대한 개선이 필요하다. 그러나 시공사례가 거의 없는 터널식 앵커리지의 인발 거동은 근거 자료가 부족하기 때문에, 파괴면을 설정하고 극한 인발저항력의 산정 방법을 명확하게 제시하기 어려운 실정이다.

우리나라에서 터널식 앵커리지의 설계는 울산대교에서 처음 적용되었으며, 일본의 시모츠이-세토대교(下津井-瀬戸大橋, Shimotsui-Seto, 1978)와 쿠루시마해협 제3대교(来島海峡第三大橋, Kurushima Kaikyo No.3, 1999)의 터널식 앵커지리 사례를 기본으로 하고, 일본도로교 설계기준을 참고하여 설계를 수행하였다. 파괴단면은 선단 확폭부 외측 단면을 터널 축방향으로 연장한 면을 파괴면으로 가정하였으나 실제로는 확폭부 축방향과 방사방향으로 상당한 범위의 지반에 응력을 가하면서 주변 지반을 함께 밀어 올리는 쐐기형태의 파괴를 보일 것이다 (Kanemitsu 등, 1981; 竹內覺夫와 吉田好孝, 1984).

3.4 터널식 앵커리지 설계 절차

3.4.1 위치 및 형식 선정

본 절에서는 실제 설계사례를 바탕으로 터널식 앵커리지의 지반설계 절차를 설명한다. 설계 사례로 우리나라에서 유일하게 터널식 앵커리지가 적용된 울산대교를 선정하였다. 울산대교는 울산광역시 남구 매암동에서 동구 일산동을 잇는 1,800m의 현수교다.

교량건설의 목적은 광역시 남구와 동구를 가로 지르는 태화강을 건너는 교량을 건설하여 산업단지의 물류비용 절감, 교통난 해소 및 도시균형발전을 도모함과 동시에, 부산과 연결되는 동해권 도로망을 구축하는 것에 있다.

본 사업은 본선구간 5.62km와 접속도로 2.76km로 구성된, 총 연장 8.38km의 신설 도로에 대한 민간투자사업(BTO)이며, 시행사는 울산하버브릿지(주), 설계사는 ㈜유신 및 ㈜다산 이외 2개사이며, 시공사는 현대건설 외 8개사로 구성되었다.

울산대교는 주경간장 1,150m의 단경간 현수교로, 우리나라에서 생산한 1,960MPa의 초고강도 케이블을 세계 최초로 사용하였으며, 우리나라 최초로 PPWS 케이블 가설공법과 터널식 앵커리지를 적용하였다. 보강 거더는 유선형 강상판으로 폭 25.6m, 형고 3.0m이며, 설계속도 80km의 4차로로 계획되었다. 울산대교 및 접속도로의 위치는 그림 3.40과 같다.

[그림 3.40] 울산대교의 위치와 접속 도로 현황(울산대교의 설계서 재구성, ㈜유신코퍼레이션, 2009)

3.4.2 지반조건 검토

울산대교 건설공사를 위하여, 과업 구간의 지층 구성 및 지반공학적 특성을 분석하기 위해 시추조사, 현장 시험 및 실내 시험을 실시하였다. 앵커리지 위치의 지층구성은 지표로부터 토사층, 연암층 및 경암층의 순서로 분포한다. 터널식 앵커리지가 시공되어질 위치의 암질상태를 보면 부분적으로 파쇄된 구간이 상당히 발견이 되었다. 그리고 근처에 울산단층대가 존재하지만 앵커리지 위치에 존재하는 것이 아니므로 영향은 미치지 않을 것이라 판단되며, 퇴적암을 관입한 백악기 화성암류와 관입 시 접촉변성을 받은 혼펠스로 구분되어 존재한다.

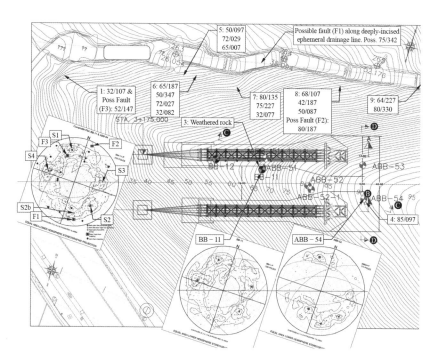

[그림 3.41] 울산대교의 터널식 앵커리지 주변 시추조사 위치도(울산대교의 설계서 재구성, ㈜유신코퍼레이션, 2009)

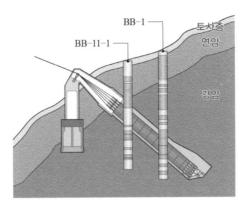

[그림 3.42] 울산대교의 터널식 앵커리지 주변 지층 단면도(울산대교의 설계서 재구성,
㈜유신코퍼레이션, 2009)

3.4.3 외적 안정성 검토

(1) 파괴형태

현수교 주케이블은 인장재에 연결하고, 인장재는 앵커리지 터널의 선단 확폭부 하단 정착거더에 고정시킴으로써 터널식 앵커리지는 압축형 앵커와 같이 콘크리트 구체에 인장력이 작용하지 않도록 계획하였다. 케이블 장력이 하부 정착거더에 직접적으로 작용하므로 선단 확폭부로부터 앵커구체의 축방향으로 주변지반에 방사형태의 압축력이 작용할 것으로 예상된다. 이는 인장재의 선단에 케이블이 정착될 경우, 선단부에 집중되는 인장력으로 인해 콘크리트 앵커 구체에 진행성 인장파괴가 발생하지 않도록 고려한 것이다.

또한, 일본 혼슈시코쿠연결교 공단에서도 단면 변화가 없는 표준부의 앵커구체와 주변 지반 사이에는 터널 굴착공법, 라이닝 공법 및 본체 콘크리트 공법 등의 시공 조건에 의해 연속성이 없어지고 틈이 생기는 경우가 발생할 지라도, 압축력이 작용하게 되면 선단 확폭부 주변 지반과 앵커 콘크리트 구체가 다시 일체가 되어 암반의 다일러턴시(Dilatancy) 효과에 의해 선단부에서부터 상당한 범위의 주변 지반을 함께 밀어 올리는 쐐기형태의 파괴를 보일 것으로 판단하고 있다.

그러나 현행 설계의 방법은 안전측 설계를 위하여 앵커 구체 확폭부 외측면의 축방향 파괴면을 따라 주변 암반과 함께 움직이게 되는 형상을 파괴모드로 가정한다. 이와 같은 설계 개념은 그림3.43에 나타내었다.

[단위 : mm]

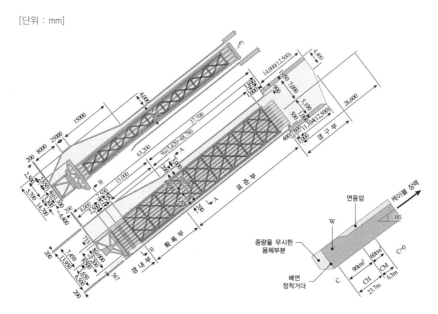

[**그림 3.43**] 시모츠이-세토 대교 터널식 앵커리지의 설계 개념도(Kanemitsu 등, 1981)

또한 터널식 앵커리지는 케이블 하중이 작용할 경우에 대한 수치 해석을 통해 주응력 벡터 방향 및 크기를 확인하였으며, 선단 확폭부 주변 지반의 응력상태와 가정한 파괴 형태의 해석 모델은 그림3.44와 같다.

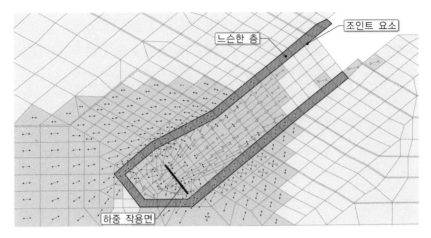

[그림 3.44] 케이블 장력이 터널식 앵커리지의 정착 거더에 작용할 때 앵커리지와 주변 지반에 발생한 주응력의 분포 예(竹內覺夫 & 吉田好孝, 1984)

터널식 앵커리지는 국내외 적용사례가 드물기 때문에 파괴형태가 아직 정립이 되어있지 않다. 현수교의 터널식 앵커리지와 유사한 형태의 앵커볼트, 깊은 기초 및 지반앵커 등이 있는데 각각의 규모와 설치된 매질의 특성이 모두 다르지만 그 거동을 고찰해 보는 것이 현수교 앵커리지의 거동 및 파괴형태를 예측하는 데 도움이 될 것이다. 지반앵커의 인발파괴는 앵커 마찰면을 따라 발생하는 플러그 파괴형태, 앵커리지와 연동암을 포함한 쐐기파괴형태(직선 또는 원호)로 구분할 수 있다. 또한 무리말뚝의 인발파괴는 점성토와 사질토에 따라 플러그 파괴형태와 쐐기파괴형태로 구분하여 저항력을 계산하고 있다.

① 앵커볼트의 파괴

앵커볼트의 파괴형태는 앵커볼트 인장 파괴, 앵커 플러그의 인발, 콘크리트 콘 파괴 등으로 정의되며 파괴시험에 대한 개요는 그림3.45와 같다.

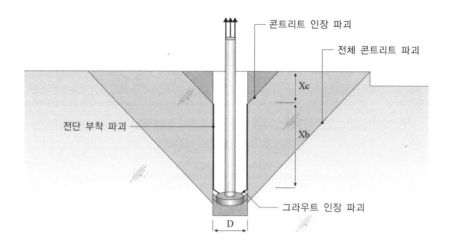

[그림 3.45] 앵커볼트 파괴 시험의 개요(Lee 등, 2001)

앵커볼트 인장 파괴는 앵커볼트 자체가 인장력에 대하여 발생하는 것이며, 앵커 플러그의 인발은 콘크리트 블록에 매입된 앵커볼트의 주변 그라우트와 콘크리트 접촉부에 파괴가 발생되는 것이고, 콘크리트 콘 파괴는 앵커에 부착된 콘크리트가 콘 형태로 파괴된다. 앵커볼트의 파괴 형상은 그림3.46과 같다.

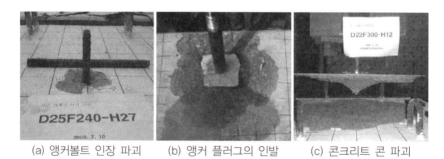

(a) 앵커볼트 인장 파괴   (b) 앵커 플러그의 인발   (c) 콘크리트 콘 파괴

[그림 3.46] 앵커볼트의 파괴 형태(Lee 등, 2001)

또한 ACI 349-97(1997)에서는 앵커볼트 설계 시 콘의 각도를 45°로 규정하고 있고, 이후 개정된 ACI 349-01(2001)에서는 Concrete Capacity Design Method를 채택하여 파괴 콘의 각도를 앵커 축으로부터 55°로 규정하였다.

② 깊은 기초의 인발 파괴

- 깊은 기초의 인발 파괴에 대한 Meyerhof and Adams(1968)의 연구

Meyerhof and Adams(1968)는 점착력 c와 마찰각 ϕ를 모두 갖는 지반에 대하여 낮은 심도와 깊은 심도에서 대상기초의 인발력에 대한 파괴형태를 그림3.47과 같이 제안하고, 이로부터 원형 또는 직사각형 기초에 대한 극한인장력 산정을 위한 수식을 제안하였다.

원형 기초와 장방형 기초에 대하여 H < D인 경우 얕은 기초, H > D인 경우 깊은 기초로 보고 극한인발하중의 식을 정의하였다. 모델시험 결과에 의하면 사질토 지반의 평균 파괴각은 $\phi/4$ ~ $\phi/2$ 범위이며, 평균 $\phi/3$로 볼 수 있다. 여기에서, B와 D는 각각 기초의 폭과 심도이며, H는 깊은 심도 기초로 거동하는 지반 내 구간이다.

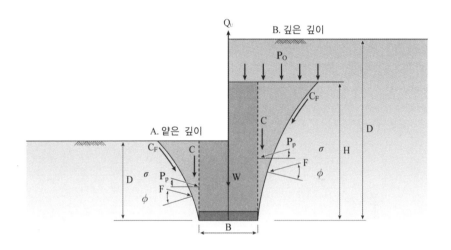

[그림 3.47] 극한인발하중 작용 시 깊은 기초의 파괴형태(Meyerhof and Adams, 1968)

- 사질토 지반 깊은 기초의 인발 파괴

사질토 지반 깊은 기초의 인발파괴 모델은 표준 모델(standard model), 콘 모델(truncated cone model), Meyerhof 모델(Meyerhof, 1973), Das 모델(Das, 1983) 등으로 나누어 볼 수 있다(Shanker 등, 2007).

표준모델은 파괴가 깊은 기초의 원주면을 따라 발생한다고 가정하며, 콘 모델은 파괴가 콘 모양으로 발생하며 파괴각은 연직면과 $\phi/2$를 나타낸다고 가정한다. 깊은 기초의 순극한 인발 하중은 콘 모양의 토체 중량과 같다고 본다.

Meyerhof(1973)는 깊은 기초의 자중을 무시하고 파괴된 토체의 자중이 얕은 심도 앵커파괴의 경우와 거의 같다고 보고 극한 인발하중에 대한 관계식을 제안하였다. Chattopadhyay and Pise(1986)은 Meyerhof(1973)와 유사한 파괴형태를 제시하였으나, 파괴각은 연직면과 $45° + \phi/2$를 나타낸다고 가정하였다. Das(1983)는 모델시험을 근거로 단위 주면마찰력이 한계근입비(critical embedment ratio)까지는 선형 증가한다고 가정하였다. Das의 파괴모델은 Meyerhof and Adams(1968)의 앵커파괴 모드에 기초한다.

- 지반앵커의 인발 파괴

사질토 지반 지반앵커의 인발파괴 모델은 그림3.48과 같이 수직 마찰면 모델(vertical slip surface model), 지반 콘 모델(soil cone model), 원호 모델(circular arc model) 등으로 나누어 볼 수 있다(Ilamparuthi et al., 2002).

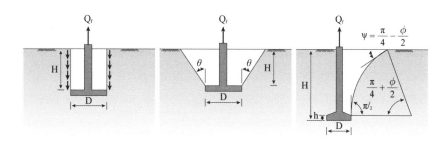

(a) 수직 마찰면 모델   (b) 지반 콘 모델   (c) 원호 모델

[그림 3.48] 사질토 지반에 근입된 지반 앵커의 파괴모델(Ilamparuthi et al., 2002)

수직 마찰면 모델은 앵커의 극한인발 하중을 앵커 직 상부의 실린더형 파괴면 내부의 지반의 무게와 이 파괴면에서의 마찰저항력의 합으로 나타내며, 그림 3.48(a)와 같다. 이는 Majer et al.(1955)이 제안하였으며 극한인발 하중 추정 시 보

수적인 결과를 주는 것으로 알려져 있다. 대체로 느슨한 사질토 지반(Rowe and Davis, 1982) 또는 앵커 시공 후 뒷채움이 잘 안된 지반(Das, 1999)에서 주로 나타나는 것으로 알려져 있다. 지반 콘 모델에서 앵커의 극한인발 하중은 떨어져 나간 콘 내부 지반의 자중과 같다고 보고, 파괴면에서의 마찰력은 무시하며, 그림 3.48(b)와 같다.

콘의 각도 θ는 보통 ϕ(Downs and Chieurzzi, 1966; Murray and Geddes, 1987) 또는 $\phi/2$(Macdonald, 1963; Clemence and Veesaert, 1977; Bobbitt and Clemence, 1987)로 가정한다. 원호 모델은 원호를 탄젠트 곡선(Balla, 1961) 또는 피라미드 모양 곡선(Meyerhof and Adams, 1968) 등으로 가정하며, 그림3.48(c)과 같다.

점성토 지반 지반앵커의 인발파괴는 얕은 심도의 경우 연약점토에서 수직 마찰면 모델과 같이 거동하며, 견고한 점토에서는 약 45°의 각도로 지반 콘 모델에서와 같은 파괴형태를 보인다. 그러나 지반앵커의 심도가 한계 근입비를 초과하는 경우 국부적인 전단파괴가 발생하며 파괴면은 지표까지 확장되지 않는다(Das, 1987).

- 앵커리지의 파괴형태 분석 및 고찰

구조체 자체의 인장파괴를 가정하지 않을 경우, 인발력이 작용하는 구조체의 파괴형태는 파괴면을 앵커저판 직 상부의 실린더 형태로 가정하는 수직 마찰면 모델, 파괴면을 콘 형태로 가정하는 콘모델, 원호 형태로 가정하는 원호모델의 적용이 가능하다.

수직마찰면 모델의 경우 터널식에서 앵커리지의 자중에 의한 반력과 앵커리지와 주변지반 경계 마찰력의 합력이 작용 인발하중보다 현저히 작은 경우에 발생할 수 있으며, 이 경우 시멘트에 매입된 앵커볼트의 인발 또는 깊은 기초의 인발과 가장 유사할 것으로 판단된다. 그러나 수직 마찰면 모델의 경우는 뒷채움이 제대로 안된 지반, 느슨한 사질토 지반, 연약한 점토 지반에서 나타나는 것으로 추정되며, 양호한 암반에 적용되는 현수교 앵커리지의 경우에는 발생 가능성이 거의 없을 것으로 판단된다.

모형시험 또는 실내시험에서 앵커의 실제 파괴 형태는 대부분 원호 형태이다.

그러나 원호형태 파괴를 고려한 앵커리지 극한 인발저항력의 산정은 실제 지반에서 앵커리지의 경사에 따른 파괴면의 추정, 지층 변동에 따른 지반정수의 변화 등의 이유 때문에 계산과정이 복잡하여 실무적용이 어려울 것으로 보인다.

따라서 터널식 앵커리지의 설계는 지반 콘 모델로 단순화하여 적용하는 것이 바람직할 것으로 판단된다. 한편, 지반 콘 모델을 적용하는 경우 얕은 앵커 깊이에서는 대개 보수적인 설계가 될 수 있고, 깊은 앵커에서는 오히려 인발저항력이 과대평가될 수 있다(Ilamparuthi et al., 2002).

쐐기파괴 가정 시 터널식 앵커리지는 케이블하중에 대하여 암반쐐기의 자중에 의한 마찰력과 전단력에 의해 저항하는 메커니즘을 지닌 것으로 가정하고 인발저항력을 산정한다.

국내에 적용된 방법은 암반쐐기의 상부면과 측면에 대한 마찰저항은 무시하고, 저면의 마찰저항과 저면과 측면의 전단저항이 케이블하중에 저항하는 것으로 가정하여 안전측으로 검토하고 있다. 이와 같은 저항 메커니즘과 다른 방법으로 검토할 수 있지만, 아직까지는 설계법이 정립되지 않은 상태이기 때문에 설계기법을 최적화하기에는 다소 어려운 것이 사실이다. 따라서 현 설계 방법이 보수적인 설계일 수 있으나, 암반쐐기 상부면의 점착저항을 고려하는 방안에 대해서는 앞으로 추가적인 검토와 시험 등을 통하여 신뢰도를 확보한 후에 가능할 것으로 판단되므로 현시점에서의 적용은 신중을 기할 필요가 있다.

쐐기 파괴각을 결정하는 여러 이론이 있지만, 현재의 설계 기준 등을 참고하여 내부마찰각을 $\phi/2$로 가정하고 쐐기중량과 인발저항력을 산정하는 것이 적합할 것이다. 하지만 이것에 관하여 아직까지도 다양한 논의가 진행되고 있으며, 쐐기 파괴각은 암반 상태와 주변 지형 현황 등을 면밀히 고려하여 적절한 파괴각을 적용하는 것이 필요하다. 쐐기에 대한 파괴선의 불확실성과 풀아웃파괴 형상을 파괴모드로 가정한 경우에 비해 상대적으로 쐐기의 크기가 커지는 것을 고려하여 기준 안전율을 2.0에서 3.0으로 높게 적용하는 것이 보다 합리적이며, 이로 인해 안전성에 대한 신뢰도를 향상시킬 수 있을 것으로 판단된다. 이와 함께 각종 실내시험을 통해 안정성 검토에 영향을 끼치는 주요 설계 인자인 암반의 점착력과 내부마찰각 및 단위중량 등에 대한 정확한 값을 도출하여 쐐기 파괴로 가정한 경우의 인발저항력을 산정하는 것이 합당할 것이다.

그러나 현재까지는 터널식 앵커리지에 대한 파괴 형상을 쐐기파괴로 가정한 사례가 확인되지 않았다. 또한, 최근 수행한 지중정착식 앵커리지의 모형시험과 수치해석에 의하면, 쐐기 파괴각은 기존 설계사례인 $\phi/2$가 아닌 앵커리지의 기하학적 형상에 따라 달라지는 것으로 나타났다. 특히, 횡방향으로 쐐기($\phi/2$)가 생성되지 않고 하중작용방향과 평행하게 파괴가 될 수 있음에 대한 결과가 존재하므로, 터널식 앵커리지에서도 모형시험과 수치해석과 쐐기형상에 대한 연구가 필요할 것으로 사료된다.

그러므로 본 절에서는 쐐기 파괴로 가정한 경우의 안정성 검토 방법 및 김토 기준에 대한 개념만을 다루는 것으로 한다. 쐐기 파괴에 대한 저항력 산정 개요도는 그림3.49와 같고, 인발저항력 계산식 및 기준 안전율을 식(3.12) 및 식(3.13)에 제시하였다.

쐐기 파괴의 경우 다음의 가정 및 방법을 통해 활동저항력을 계산한다.
- 파괴형태 가정 : 쐐기 형태(쐐기각 $\phi/2$)
- 양측 앵커리지 중복단면 영향 고려
- 지하수위는 안전측으로 하여 암반쐐기 상단에 있는 것으로 가정
- 가상 파괴블록 저면의 마찰저항만 고려(암과 콘크리트의 마찰저항은 무시)
- 암반쐐기 상부 점착저항 무시, 측면 일부 적용
- 활동면을 기준으로 수평분력과 수직분력의 작용 및 저항력을 구분하여 계산
- 점착저항력을 고려하지 않은 경우와 점착저항력을 고려하는 경우로 구분하여 안정성 검토를 수행

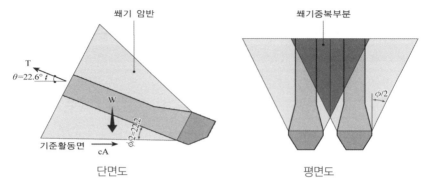

[그림 3.49] 터널식 앵커리지의 저항력 산정 개요도

- 터널식 앵커리지의 쐐기 파괴 가정 시 인발저항력 산정 및 안정성 검토 관련 계산식

· 점착저항 고려

(기준 FS = 3.0, 쐐기 파괴 시)

$$FS = \frac{Wsin\theta' + \mu(Wcos\theta' - Tsin\theta') + cA}{Tcos\theta'}$$ 식(3.12)

· 마찰저항만 고려

(기준 FS = 1.0(일본사례) = 1.1(국내사례))

$$FS = \frac{Wsin\theta' + \mu(Wcos\theta' - Tsin\theta')}{Tcos\theta'}$$ 식(3.13)

(2) 터널식 앵커리지 형상

터널식 앵커리지는 굴착에 따른 지반의 안정성 확보를 위해 단면을 축소할 필요가 있지만 기술의 발달로 인하여 터널의 단면 축소를 위한 노력은 유의미하지 않게 되었다. 따라서 터널식 앵커리지는 굴착과 인장재 배치를 위한 최소작업 공간 및 주케이블로부터 앵커리지로 이어지는 스트랜드 수 등이 단면의 형상 및 크기를 결정하는 주요 결정 요인이다.

선단 확폭부 형태는 검토 단계에서는 쐐기형태(wedge type)를 고려하나, 쐐기 형상을 만들기 위한 굴착 정밀도 확보가 어려운 점을 감안하고, 상하 방향으로 전단 저항을 기대하기 위해 앵커헤드 형태(anchor head type)를 검토하기도 한다. 시모츠이-세토대교의 터널식 앵커리지는 지반에 응력 집중을 피하고 케이블 인발에 의해 압축응력이 작용하도록 쐐기형태(wedge type)를 적용하였다.

일본의 설계는 확폭부에 반입하는 배면 크로스 거더의 가설 및 요구되는 작업 공간을 확보하기 위해 확폭부 측면의 경사각은 앵커 본체 축에 대하여 15°를 표준으로 하였다. 특히 선단 확폭부의 저면은 작업성을 고려하고 암반 중량에 의한 영향으로 쐐기의 효과가 떨어진다고 판단하여 확폭하지 않았다.

(3) 암반 설계강도 정수

터널식 앵커리지의 인발저항은 주변 암반의 전단강도에 의해 발현되는 저항력에 따라 좌우된다. 시모츠이-세토대교는 기본적으로 현장 시험 및 실내 암석 시험에 의해 앵커 축방향을 따라 암반 등급별로 설계 강도를 재산정하여 인발저항을 계산하였다.

시모츠이-세토대교의 설계는 1973년부터 시작하여 1980년까지 계속되었다. 단면형상, 앵커리지 형식, 점착력 및 마찰저항, 자중과 측압 등의 설계 변수에 대한 적용 방안을 다양하게 검토하여 터널식 앵커의 저항력과 안전율을 결정하였고 그 내용을 요약하면 다음과 같다.

초기(1973~1974)에는 선단 확폭부에 의한 연동암의 개념을 도입하지 않았으며 앵커 구체와 직접 맞닿은 주변 암반과의 경계에서 인발저항이 발현되는 것으로 가정하였다. 앵커 구체 하부의 점착력(c)은 암반 등급별로 산정한 점착력을 그대로 적용하였고, 측면의 경우 $0.5c$~$1.0c$, 상부의 점착력은(무시)~$0.2c$로 고려하였다.

이후(1977~1980)에는, 앵커헤드 형태 및 터널 형상에 대한 변경을 거쳐 최종적으로 쐐기형태로 확정하고, 연동암(또는 상부암)은 고려하고 상부의 점착력은 전혀 고려하지 않는 것으로 확정하였다.

앵커헤드 방식은 점착저항을 고려한 경우와 고려하지 않은 경우로 나누어 검토하였으며, 점착저항을 고려하지 않을 경우에는 앵커구체 상부암의 중량을 추가로 반영하였고 기준 안전율은 2.0으로 동일하게 적용하였다.

시모츠이-세토대교의 터널식 앵커리지 설계에 대한 상세 경위는 표3.9와 같다. 모든 검토 방법에서 풍화가 많이 진행된 지반의 점착력은 고려하지 않았으며, 1980년 초의 검토에서는 측면에 대한 마찰저항(μ 또는 $\tan\phi$)과 터널부 측압을 고려한 점이 주목할 만하다.

또한, 터널식 앵커리지에 대한 기준 안전율의 경우 초기에는 일본의 중력식 댐 기준이나 록앵커의 안전율을 준용하여 3.0 이상으로 검토하였으나, 혼슈시코쿠 연결교공단의 하부구조 설계기준(1977)이 제정된 이후에는 직접기초의 활동에 대한 안전율 2.0을 적용한 것으로 확인되었다.

이에 대하여 일본 혼슈시코쿠 연결교 공단에서는 시모츠이-세토대교 터널식 앵커리지의 경우 하부, 측면 및 상부 활동 경계면의 인발저항력이 서로 상이하고 불확실 요소가 많이 잠재되어 있을 것으로 판단하여 저감된 암반의 설계 강도정수를 적용하였으며, 기준 안전율은 2.0을 유지하였다.

[표 3.9] 시모츠이-세토대교에서 터널식 앵커리지의 인발저항력의 산정에 대한 검토 방법 (Kanemitsu et al., 1981)

년도	앵커단면 형상	앵커리지 형태	점착 및 마찰저항 하부	측면	상부	자중 및 측압 하부	측면	상부	저항력 계산
1973.03	쐐기형태 (15.3, 17.5 / 15.0, 16.5, 19.0, 20.5)	풍화된 지반의 점착력 무시 (이하 동일) W C=50t/m (가중평균치) 41.6 m	c, μ	c	0	Wcosθ / 연동암 미포함	0	0	• 부력 무시 • $F_s=3.5≧3.5$ $F_s = \dfrac{\mu \cdot Wcos\theta + cA}{T - Wsin\theta}$
1973.11	쐐기형태 (0.6 / 14 / 19 / 13.6 / 18)	W C=0 C=50t/m 30.0 m	c, μ	0.5c	0.2c	Wcosθ / 연동암 미포함	0	0	• 부력 무시 • $F_s=5.3$ $F_s = \dfrac{Wcos\theta + \mu \cdot Wcos\theta + 3cA}{T}$
1974.05	쐐기형태 (1.2, 0.5 / 14 / 19 / 11.4 / 15.4)	W C=0 C=90t/m 40.0 m	c, μ	0.5c	0	Wcosθ / 연동암 미포함	0	0	• 부력 무시 • $F_s=3.26≧3.0$ $F_s = \dfrac{Wsin\theta + \mu \cdot Wcos\theta + cA}{T}$
1977.08	앵커헤드 형태 (18.5 / 0.9 / 13 / 16 / 10 / 15)	연동암 점착저항 고려 W C=90t/m 42 m (C, 이상 C₀ 환산치)	μ	c	0	case 1			• 부력 고려 • $F_s=2.61≧2.0$(case1) • $F_s=2.12≧2.0$(case2) $F_s = \dfrac{Wsin\theta + \mu \cdot Wcos\theta + cA}{T}$
			c, μ	0	0	case 2			
			tanφ (or μ) / C, tanφ (or μ)			Wcosθ / 연동암 포함	0	0	
		상부암 T.P.47.7 점착저항 미고려 연동암	μ	0	0	Wcosθ / 상부암 + 연동암 포함	0	0	• 부력 고려 • $F_s=2.4≧2.0$ $F_s = \dfrac{Wsin\theta + \mu \cdot Wcos\theta}{T}$
1980.02	앵커헤드 형태 (11.1 / 15.6 / 6.7 / 14.7)	연동암 점착저항 고려 W C=90t/m 16 m	c, μ	μ	0	case 1	K₀, γz (K₀=0.5)		• 부력 고려 • $F_s=2.71≧2.0$(case1) • $F_s=2.48≧2.0$(case2) $F_s = \dfrac{Wsin\theta + \mu \cdot Wcos\theta + cA}{T}$
			μ	c, μ	0	case 2			
			tanφ (or μ) / C, tanφ (or μ)			Wcosθ / 연동암 포함			
		상부암 T.P.+35 점착저항 미고려 연동암 W	μ	0	0	Wcosθ / 상부암 + 연동암 포함	0	0	• 부력 고려 • $F_s=2.15≧2.0$ $F_s = \dfrac{Wsin\theta + \mu \cdot Wcos\theta}{T}$

년도	앵커단면 형상	앵커리지 형태	점착 및 마찰저항 하부	측면	상부	자중 및 측압 하부	측면	상부	저항력 계산
1980. 12	쐐기형태	연동암	c, μ 0 C C, tan∅ (or μ)	c C	0	Wcosθ 연동암 포함	0	0	• 부력 고려 • $F_s = 2.1 \geqq 2.0$ $F_s = \dfrac{W\sin\theta + \mu \cdot W\cos\theta + cA}{T}$

① 손상 암반의 저감된 강도정수 적용

기존 설계방법을 적용할 경우 다음과 같은 가정을 통해 그림3.50과 같이 저항력에 대한 힘의 작용 방향과 크기를 고려하여 활동저항력을 계산한다.

- 앵커리지 파괴형태는 플러그 형태로 가정
- 선단확폭부 전면 연동암 및 콘크리트 구체 일체거동 가정
- 터널 굴착면 주변 손상암반 강도정수 가정
  · 굴착면~1.0m : 점착력(c) 0, 마찰계수($\tan\phi$) 0
  · 1.0~2.0m : 원지반 점착력의 1/2, 원지반 마찰계수의 1/2
  · 좌우측 앵커리지 사이(굴착면에서 1.0~2.85m)
  · 원지반 점착력 및 마찰계수의 1/2(2.85m는 선단 확폭부에 의한 연동암 영역)
- 연동암 상부 점착저항 무시
- 활동면을 기준으로 수평분력과 수직분력의 작용 및 저항력을 구분하여 계산
- 점착저항력을 고려하는 경우와 고려하지 않은 경우로 구분하여 안정성 검토를 수행

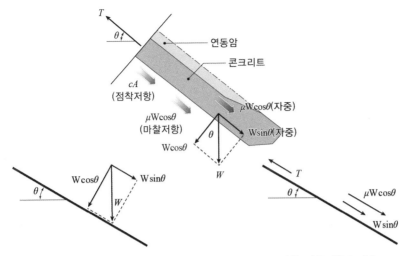

[그림 3.50] 터널식 앵커리지의 활동 안정성 검토를 위한 하중 산정 개요도

이러한 플러그 파괴에 대한 안정성 검토는 식(3.14) 및 식(3.15)와 같이 두 가지로 검토한다.

지반 상태의 변화 또는 굴착 작업으로 발생되는 지반의 이완을 감안한 불확실한 점착저항 발현을 고려한다. 이와 동시에 자중에 대한 마찰 저항의 최소 안전율을 확보했다.

- 터널식 앵커리지 풀아웃(pull-out) 파괴모드 가정 시 인발저항력 산정 및 안정 검토 관련 계산식

· 마찰저항+점착저항 고려

$$FS = \frac{W\sin\theta + \mu W\cos\theta + cA}{T} \leq 2.0 \qquad \text{(식3.14)}$$

· 마찰저항만 고려

(FS = 1.0(일본사례), 1.1(국내사례))

$$FS = \frac{W\sin\theta + \mu W\cos\theta}{T} \leq 1.0\,\text{or}\,1.1 \qquad \text{(식3.15)}$$

여기서, T = 케이블 장력

θ = 케이블 장력 경사각(예상 활동면)

W = 자중(앵커리지 구체 + 연동암)

μ = $\tan\phi$: 마찰계수 (ϕ : 암반 내부마찰각)

c = 암반 점착력

A = 점착력 적용 면적

② 손상을 고려한 암반의 강도정수 적용

①의 방법은 터널 굴착 시 손상 암반의 저항력을 완전 손상 영역과(굴착면으로부터 0~1m)과 부분 손상 영역(굴착면으로부터 1.0~2.0m, 좌우측 앵커리지 사이 1.0~2.85m)으로 구분하여 마찰 및 점착 저항력을 무시 또는 저감하였고, 연동암의 상부 쪽 점착 저항은 고려하지 않았다. 그러나 터널식 앵커리지의 파괴형태를 ①의 방법과 같이 플러그 형태로 가정할 경우에도 손상 암반의 강도정수 재평가와 연동암 상부 점착저항을 고려하여 설계 방법을 개선할 수 있을 것이다.

기존 설계사례에서는 교란계수를 적용하여 손상 암반의 강도정수를 재평가한 경우와 원지반 강도정수를 저감하여 사용할 경우를 비교, 검증하기 위하여 수치해석을 수행하였다.

- 터널굴착에 따른 손상 암반의 강도정수 재평가

인발저항력 산정 시 터널굴착에 따른 손상영역의 전단강도를 완전히 무시하는 것은 불합리한 가정이며 또한 손상된 암석 블록 간 엇물림(interlocking)을 감안하면 적정 수준의 암반강도 및 그에 따른 저항력을 인정하는 것이 합리적일 것으로 판단된다.

과거 일본 설계기준(1977)이 제정된 이후, 다수의 연구자들(Hoek 등, 2002; 이인모 등, 2003)에 의해 손상암반의 강도정수를 보다 합리적으로 반영할 수 있는 방안이 제시되었으므로, 이를 이용하여 적정 수준의 암반강도 및 그에 따른 저항력을 고려하는 것이 합리적일 것이다. 손상영역 범위의 경우 시공 중 터널 내부에서 탄성파시험(Sagong 등, 2012)을 통해 평가가 가능하지만, 설계 단계에서의 평가가 어렵기 때문에 손상영역에 대한 가정은 그대로 준용하기로 하고, Hoek-Brown

파괴 기준에 따른 발파로 인한 암반 손상 및 응력이완 효과를 감안하기로 한다.

교란계수 D(Disturbance factor), 지질강도지수 GSI(Geotechnical Strength Index) 및 지반매개변수를 이용한 손상암반의 강도정수 산정에 관한 Hoek-Brown 파괴기준(Hoek- Diederichs, 2006)은 표3.10과 같다.

[표 3.10] 손상암반의 강도정수 산정을 위한 Hoek−Brown 파괴기준(Hoek & Diederichs, 2006)

$$\phi' = \sin^{-1}\left[\frac{6am_b(s+m_b\sigma'_{3n})^{a-1}}{2(1+a)(2+a)+6am_b(s+m_b\sigma'_{3n})^{a-1}}\right]$$

$$c' = \frac{\sigma_{ci}[(1+2a)s+(1-a)m_b\sigma'_{3n}](s+m_b\sigma'_{3n})^{a-1}}{(1+a)(2+a)\sqrt{1+(6am_b(s+m_b\sigma'_{3n})^{a-1})/((1+a)(2+a))}}$$

여기서,

$$\sigma'_1 = \sigma'_3 + \sigma_{ci}(m_b\frac{\sigma'_3}{\sigma_{ci}}+s)^a$$

$$m_b = m_i \exp\left(\frac{GSI-100}{28-14D}\right),$$

$$s = \exp\left(\frac{GSI-100}{9-3D}\right),$$

$$a = \frac{1}{2}+\frac{1}{6}(e^{-GSI/15}-e^{-20/3})$$

σ_{ci} = intact rock의
일축압축강도

σ_{3n} = $\sigma'_{3max}/\sigma_{ci}$

m_i = 재료상수

m_b = 재료상수의 감소 값

s, a = 암반에 대한 상수,
(intact rock, s=1)

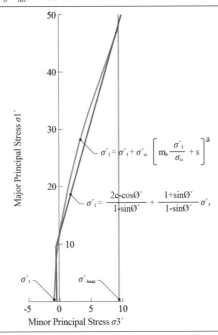

The rock mass modulus of deformation,

$$E_m = (1-\frac{D}{2})\sqrt{\frac{\sigma_{ci}}{100}}\, 10^{((GSI-10)/40)}\ (GPa)\ \text{,For}\ \sigma_{ci} \le 100MPa$$

$$E_m = (1-\frac{D}{2})\, 10^{((GSI-10)/40)}\ (GPa)\ \text{,For}\ \sigma_{ci} > 100MPa$$

표3.11의 교란계수, 지질강도지수를 반영하여 손상 암반에 대한 등가의 c', ϕ' 를 결정하고, 암반의 변형계수(rock mass modulus of deformation)를 산정하여, 앵커리지 손상영역의 저항력을 재평가하였다.

[표 3.11] 손상암반에 대한 지질강도지수(GSI)와 교란계수(D) 산정(울산대교의 설계서 재구성, ㈜유신코퍼레이션, 2009)

지질강도지수(GSI)		
	암반의 외관	암반의 묘사	D의 제안값
교란계수(D)		우수한 수준의 조절발파, TBM 굴착	D=0
		불량한 암반에서 발파 아닌 기계 또는 인력 굴착	D=0
		임시 인버트 설치하지 않는 경우	D=0.5 (인버트 없음)
		경암 터널에서 매우 낮은 품질의 발파 (암반손상 2~3m)	D=0.8

교란계수는 발파손상 및 응력이완에 따라 결정되는 계수이며, 이 값은 교란되지 않았을 때의 0에서부터 매우 교란된 암반에 대해 1을 적용한다.

Cheng & Liu(1990)는 대만의 발전소 공동에서 변형에 대한 계측을 실시하고 그 결과를 역해석하여 굴착면에서 2m 거리까지 발파로 인한 손상이 발생한 것을 확인하였으며, 등가교란계수(equivalent disturbance factor)가 0.7임을 보고한 바 있다.

교란정도를 반영한 암반의 강도정수 c', ϕ'는 Rocscience Inc.에서 제공하는 프로그램 RocData를 이용하여 그림3.51과 같이 계산하였다.

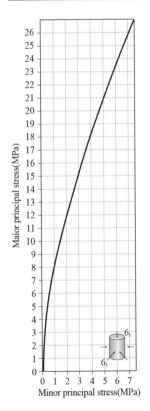
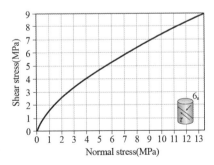

Analysis of Rock Strength using RocLab

Hoek-Brown Classification
intact uniaxial comp. strength (sigci) = 30 MPa
GSI = 50 mi = 10 Disturbance factor (D) = 0
intact modulus (Ei) = 12000 MPa

Hoek-Brown Criterion
mb = 1.677 s = 0.0039 a = 0.506

Mohr-Coulomb Fit
cohesion = 1.494 MPa friction angle = 30.52 deg

Rock Mass Parameters
tensile strength = -0.069 MPa
uniaxial compressive strength = 1.807 MPa
global strength = 5.230 MPa
deformation modulus = 3686.23 MPa

[그림 3.51] RocData 프로그램을 이용하여 교란정도를 반영한 암반의 강도정수 산정 결과 예(울산대교의 설계서 재구성, ㈜유신코퍼레이션, 2009)

또한 MS Excel을 이용하여 그림3.52 및 그림3.53과 같이 간편하게 계산할 수 있다.

Hoek-Brwon, equivalent Mohr-Coulomb failure criteria
Hoek-Brwon failure criterion(Hoek et al., 2002, Joek&Diederichs, 2006)
− Hoek-Brwon classification

input	sigci =	30	MPa		rt =	0.02	MN/m³	type: 0 = general
	GSI =	50			H =	15	m	1 = tunnel
	mi =	10			TYPE	0	(0,1,2)	2 = slope
	D =	0						
	Ei =	12000	MPa					

Hock brown criterion	mb =	1,677		calculation variable	sig3max	7.500
	s =	0.0039			sig3n =	0.250000
	a =	0.506				

Mohr coulomb Fit	coh(c´) =	1,494	MPa	sigcm =	5,230	Cohesion
	phi(Φ´) =	30.52	degrees	k =	3.0631	Friction angle

Rock Mass Parameters	sigtm =	−0.069	MPa	Tensils strength
	sigc =	1.807	MPa	Uniaxial compressive strength
	sigcm =	5.230	MPa	Global strength
	Erm =	3686.23	MPa	Deformation modulus

item		step 1	step 2	step 3	step 4	step 5	step 6	step 7	step 8	sums
HB envelope	sig 3	1E-10	1.07	2.14	3.21	4.29	5.36	6.43	7.50	30.00
	sig 1	1.81	8.53	12.57	15.94	18.97	21.77	24.40	26.92	130.89
	sig 1 sig3fit	5.23	8.51	11.79	15.08	18.36	21.64	24.92	28.20	
	ds1/ds3	14.21	4.31	3.38	2.96	2.70	2.53	2.40	2.30	34.79
	sign	0.12	2.48	4.52	6.43	8.25	10.01	11.72	13.39	56.90
	tau	0.45	2.92	4.37	5.53	6.52	7.39	8.19	8.925	44.29
	signtaufit	1.56	2.95	4.16	5.28	6.36	7.39	8.40	9.385	

[그림 3.52] Excel을 이용하여 교란정도를 반영한 암반 강도정수를 산정한 결과를
보여주는 예시(울산대교의 설계서 재구성, ㈜유신코퍼레이션, 2009)

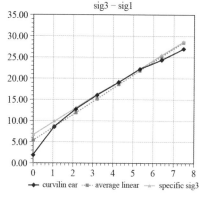
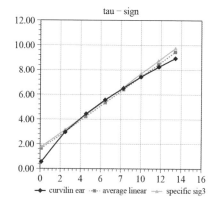

[그림 3.53] Excel을 이용한 암반의 파괴포락선을 확인(울산대교의 설계서 재구성, ㈜
유신코퍼레이션, 2009)

- 연동암 상부 점착저항 적용

우리나라 및 일본에서 적용한 설계는 연동암 상부 점착저항을 무시하였으며, 이에 대한 명확한 근거가 설명되어 있지 않다. 그러나 연동암과 상부 주변암이 연속체로서 점착강도에 의해 저항할 수 있기 때문에 앵커리지 파괴형태를 플러그로 가정할 때, 케이블 장력 작용 시 가상활동면의 점착저항력은 연동암 좌우 측면뿐만 아니라 상부 주변암이 연속체로서 함께 작용한다고 보는 것이 보다 합리적일 것이다.

다만 1970년대 일본에서도 연동암 상부 점착저항의 적용 여부를 고심한 끝에 별다른 설명 없이 적용하지 않았으므로 향후 설계자들은 보다 세밀한 검토와 검증을 통해 조심스럽게 적용할 필요가 있다. 따라서 현 설계에서도 연동암 상부 점착저항을 고려하지 않았다. 결과적으로 Case 2의 경우 활동저항력을 산정하는 방법은 Case 1과 동일하며, 암반 강도정수에 대하여 손상암반에 대한 강도정수의 재평가를 추가하였다.

터널굴착에 따른 손상 암반의 강도정수 재평가 및 활동저항력 산정 방법은 다음과 같으며, 재평가 된 강도정수의 적용 범위는 그림3.54와 같다.

ⓐ 파괴형태 가정 : 플러그 형태

ⓑ 선단확폭부 전면 연동암 및 콘크리트 구체 일체거동 가정

ⓒ 터널 굴착면 주변 손상암반 강도정수 가정

- 굴착면~2.0m 및 좌우측 앵커리지 사이(굴착면~2.85m)에 대하여;

모두 Hoek-Brown 파괴기준의 c', ϕ' 적용

ⓓ 연동암 상부 점착저항 무시

ⓔ 활동면을 기준으로 수평분력과 수직분력의 작용 및 저항력을 구분하여 계산

ⓕ 점착저항력을 고려하지 않은 경우와 점착저항력을 고려하는 경우로 구분하여 안정성 검토 수행

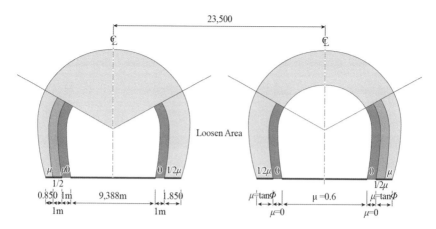

[그림 3.54] 터널식 앵커리지 설계 시 적용되는 암반 손상을 고려한 강도정수 범위
(울산대교의 설계서 재구성, ㈜유신코퍼레이션, 2009)

(4) 마찰 및 점착저항

혼슈시코쿠 연결교공단 하부구조 설계기준(1977)과 우리나라의 터널식 앵
커리지 설계사례는 터널 하단 확폭부 외면을 따라 터널 축방향으로 가상 파괴면
을 가정하고, 터널 구체의 자중, 마찰력 및 점착력의 3가지 저항력 요소에 대하
여 점착력을 고려하는 경우와 고려하지 않은 경우의 두 가지 방법을 적용하였
다. 점착력을 고려하지 않은 경우는 불균질한 암반에 의해 진행성파괴가 발생
할 가능성이 존재하고 터널 구체 외면과 접하는 암반의 점착력을 전범위에 걸쳐
서 일정한 값으로 정확하게 산정하는 것이 어렵기 때문이다. 터널식 앵커리지
저항력의 개요는 그림3.55와 같고, 마찰저항 및 점착저항에 대한 범위와 크기는
표3.12와 같다.

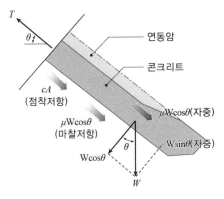

[그림 3.55] 터널식 앵커리지 안정성 검토 방법에 대한 개요도

[표 3.12] 터널식 앵커리지의 인발저항력을 산정하기 위한 주변 지반의 마찰력과 점착력을 적용하는 범위와 크기

마찰저항	점착저항

· 자중(앵커구체+연동암), 마찰저항, 점착저항 고려

(기준 FS=2.0)

$$FS = \frac{Wsin\theta + \mu Wcos\theta + cA}{T} \leq 2.0$$ 식(3.16)

· 자중(앵커구체+연동암), 마찰저항 고려

(기준 FS=1.0(일본) 또는 1.1(국내))

$$FS = \frac{Wsin\theta + \mu Wcos\theta}{T} \leq 1.1$$ 식(3.17)

마찰저항은 접하는 면의 상태에 따라 암과 암, 암과 콘크리트를 구분하여 앵커리지 저면부에 대해 고려하였다. 점착저항은 암과 암 사이의 저면과 측면만을 고려하였고, 연동암 상단 크라운 부분은 점착저항은 고려하지 않았다. 또한 터널 굴착으로 인해 손상된 암반의 저항력은 완전손상(굴착면으로부터 0~1.0m)과 부분손상(굴착면으로부터 1.0~2.0m) 영역으로 구분하여 마찰 및 점착저항력을 무시 또는 감소시켰다.

시모츠이-세토대교는 풍화가 많이 진행된 지반의 점착력은 고려하지 않았지만, 우리나라 사례의 경우 암반 등급별 설계정수를 차등 적용하고 앵커 본체 길이 방향의 전 구간에 대해 인발저항력을 반영하였다. 터널식 앵커리지에 적용한 마찰 및 점착 저항의 적용 범위와 적용값은 그림3.56, 그림3.57 및 그림3.58과 같다.

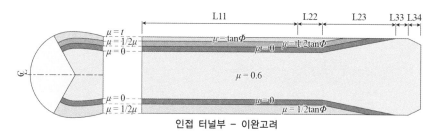

[그림 3.56] 터널식 앵커리지의 저항력 산정 시 마찰 저항 범위 및 적용 방법에 대한 단면도(울산대교의 설계서 재구성, ㈜유신코퍼레이션, 2009)

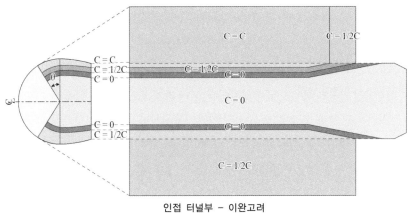

인접 터널부 - 이완고려

[그림 3.57] 터널식 앵커리지의 저항력 산정 시 점착 저항 범위 및 적용 방법에 대한 단면도(울산대교의 설계서 재구성, ㈜유신코퍼레이션, 2009)

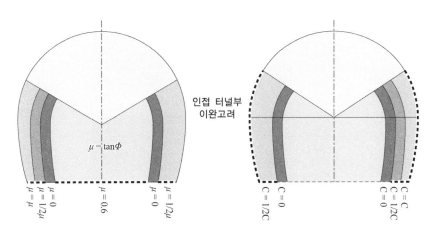

[그림 3.58] 터널식 앵커리지의 저항력 산정 시 마찰 및 점착 저항값과 범위(울산대교의 설계서 재구성, ㈜유신코퍼레이션, 2009)

설계 포인트4
2차원 및 3차원 모형실험을 통한 터널식 앵커리지의 파괴모드

　본 설계 포인트에서는 본 연구에서는 케이블 인발하중이 작용하는 현수교의 터널식 앵커리지의 인발거동 특성을 2차원 및 3차원 축소모형실험을 통하여 분석한 내용을 담고 있다. 2차원 실험은 터널식 앵커리지의 초기 파괴 형태를 직접 관찰을 목적으로 수행하였다. 여러 가지 조건에 따른 인발 실험을 통해 초기 파괴 형태, 파괴각 등을 관찰하여 인발저항에 대한 파괴모드를 시각적으로 직접 확인하는 것을 목적으로 하였다. 축소모형실험의 전경은 그림 3.59와 같으며 3차원 실험은 2차원 실험에서 알 수 없는 암반 내부의 응력과 변형률의 변화를 관찰하는 것을 목적으로 한다.

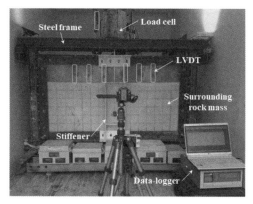

(a) 2차원 축소모형 실험의 전경

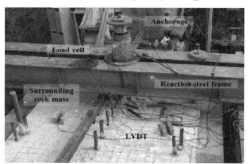

(b) 3차원 축소모형 실험의 전경

[그림 3.59] 축소모형 실험의 실험 전경

본 축소모형 시험에서는 울산대교의 설계도면을 기초로 터널식 앵커리지의 형상을 결정하였으며, 상사비를 이용하여 모형 앵커리지와 암반을 제작하였다. 대상 암반지반 및 터널 내부 재료를 조성하기 위하여 모래, 석고, 물의 혼합물을 사용하였다. 이 재료는 암반을 모사하는 축소모형실험에 널리 사용되는 재료로 중량 배합비에 따라 다양한 강도를 조성할 수 있는 장점이 있다(Coquard and Boisetelle, 1994). 모형지반과 터널 내부 재료 조성을 위해 사용된 모래, 석고, 물의 배합비는 표와 같다. 상세한 배합비의 결정 방법 및 2차원과 3차원 모형 실험방법은 Seo et al.(2021)을 참고하기 바란다. 여기서는 실험으로부터 도출된 터널식 앵커리지의 파괴모드의 결과를 나타내고자 한다.

　　2차원 축소모형의 인발실험은 약 2.0mm/min의 속도로 하중을 재하하여 모형지반이 파괴되는 시점까지 진행하였다. 현수교 주케이블의 앵커리지는 건설과정과 개통 후 하중전달 과정을 보면 실험에서의 인발속도는 상대적으로 큰 편이다. 흙과 말뚝기초의 인발재하시험에서는 일정변위율로 재하하는 경우 0.5~1.0mm/min 이내에서 시행하며(ASTM D 3689), 콘크리트와 금속 구조물의 인발재하시험에서는 예상 극한하중이 10kN인 경우 시험시간이 14~33sec, 20kN인 경우 시험시간이 29~67sec이다(ASTM C900-06). 석고혼합물과 알루미늄으로 묘사한 앵커리지를 사용하는 본 실험에서는 후자의 경우에 가까우며, ASTM C900-06에 따라 실험장치와 현장환경을 고려하여 상기 속도로 하중을 재하하였다. 모형지반 상부에는 연직방향으로 LVDT를 등간격으로 설치하여 변위량을 측정하였으며, 재하판 위로 설치된 로드셀을 통해 지반에 작용하는 하중 값을 측정하여 모형지반의 응력-변형률 관계를 구하였다. 또한, 모형지반의 변형 관찰이 용이하도록 타설 후 모형지반 표면에 10cm 간격으로 격자와 추적점을 마킹하였다.

[표 3.13] 모형실험에 사용된 재료의 배합비(Seo et al., 2021)

원형암반의 단위중량 (kN/㎥)	축소모형의 단위중량 γ (kN/㎥)	모형 재료의 배합비			
		모형	석고	모래	물
27.0	15.5	암반	27	49	23
		앵커리지	20	57	23

　본 설계포인트에서는 터널식 앵커리지에 대한 2차원 모형실험으로 앵커리지 두께 방향(y축)으로 변형이 작용하지 않는 평면 변형률(plane strain)조건을 구현하는 것이 중요하다. 파괴거동을 직접 관찰하기 위해 전면에는 3cm두께의 아크릴판을 사용하였다. 그 위에는 stiffener로 표현된 H자 보강재를 설치하여 y축 방향의 변형을 억제하였다. 본 연구에서는 정착판의 크기 변화와 앵커리지 및 암반의 압축강도 비의 변화에 따른 인발거동을 조사하였고, 전체 실험의 종류는 표3.14와 같다.

[표 3.14] 모형실험 실험 조건(Seo et al., 2021)

실험 조건	정착판의 길이(L_p, mm)	재료의 압축 강도비 (r^*, m_T/m_R)	실험 단면도
C-1	110	0.5	
C-2	110	0.5	
C-3	110	0.25	
C-4	110	0.75	
C-5	73	0.5	
C-6	73	0.5	

r^*는 앵커리지의 압축강도(m_T)와 암반의 압축강도(m_R)의 비

- 정착판의 길이에 따른 영향

정착판의 길이(L_p)에 따른 터널식 앵커리지의 인발거동을 분석하기 위한 모형실험에서는 정착판의 길이를 실제 울산대교의 상사비를 적용한 110mm와 터널의 직경보다 작은 73mm를 적용하여 실험을 수행하였다. 그림 3.60은 각각의 실험조건에 대한 터널식 앵커리지의 인발하중-변위 곡선을 파괴모드에 따라 분류한 것이다. 정착판의 길이가 110mm인 실험조건 C-1, C-2, C-3, C-4의 극한 인장하중이 정착판의 길이가 73mm인 실험조건 C-5, C-6의 극한 이장하중 보다 크게 나타나는 것을 확인할 수 있다. 즉, 정착판의 길이가 감소함에 따라 극한 인장하중이 감소하는 것을 알 수 있다. 그림 3.61은 실험조건별 터널식 앵커리지의 파괴모드를 나타낸다. 터널식 앵커리지의 파괴형태는 L_p가 110mm일 때 앵커리지의 압축파괴와 인장균열 전이로 인해 쐐기형 파괴가 발생하였다(그림 3.61(a)). 그러나 그림 3.61(a)의 실험조건 C-3과 같이 앵커리지와 주변 암반의 압축강도비(r)가 0.5 미만인 경우 풀아웃 파괴모드에 가까웠다. L_p가 73mm일 때 앵커리지는 압축파괴를 나타내고 터널 내부에서는 제한적인 인장균열이 나타났다(그림 3.61(b)). 이러한 결과를 통해서 터널식 앵커리지의 최종 파괴모드는 정착판의 길이에 따라 달라지는 것을 확인하였고 정착판의 길이가 터널의 표준구간 직경과 동일한 경우에는 풀아웃 파괴 모드로, 정착판의 길이가 터널의 표준구간 직경 보다 큰 경우에는 쐐기형 파괴모드로 가정하는 것이 합리적인 터널식 앵커리지의 설계로 판단된다.

- 앵커리지 및 암반의 압축강도 비의 변화

그림 3.60을 바탕으로 암반의 압축강도에 대한 앵커리지의 압축강도의 비율이 증가함에 따라 터널식 앵커리지의 극한 인장하중도 증가하는 것을 확인할 수 있다. 또한, 그림 3.61에서와 같이 앵커리지의 압축강도가 주변 암반의 압축강도보다 25% 정도 큰 경우 풀아웃 파괴가 발생하는 것을 알 수 있다. 이 경우 터널 내부의 인장균열로 인해 변위는 앵커리지 본체에만 집중되므로 터널식 앵커리지에서 극한 인장저항은 앵커리지와 주변 암반의 경계면에서의 전단저항에 의해 결정된다는 것을 알 수 있다.

또한, 앵커리지의 압축강도가 주변 암반의 압축강도에 비해 50% 이상 큰 경우에는 정착판에서 시작된 인장균열이 주변 암반으로 전달되는 것으로 나타났다. 따라서, 이 경우에의 앵커리지의 파괴모드는 쐐기 형태임을 확인할 수 있다.

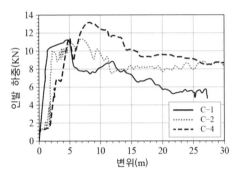

(a) 쐐기형 파괴 모드(C-1, C-2, C-4)

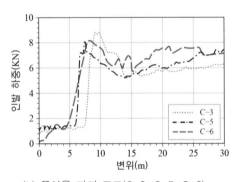

(b) 풀아웃 파괴 모드(C-3, C-5, C-6)

[그림 3.60] 터널식 앵커리지의 인발하중–변위 곡선 결과(Seo et al., 2021)

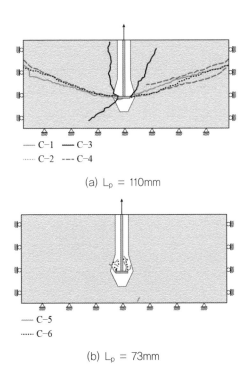

(a) L_p = 110mm

(b) L_p = 73mm

[그림 3.61] 정착판의 길이에 따른 터널식 앵커리지의 파괴형태 변화(Seo et al., 2021)

3차원 실험의 인발 시험은 약 0.1mm/min의 속도로 수행하였다. 이 속도는 석고 혼합물(모형암반 및 앵커리지)의 특성으로 인해 취성파괴가 발생함을 확인할 수 있는 속도이다. 실험은 앵커리지 정착판의 크기에 따른 파괴 모드를 조사하였고 실험 조건은 표 3.14와 같으며 실험에 사용된 모형 앵커리지 및 암반의 재료는 2차원 실험과 동일한 배합비를 사용하였다.

그림 3.62(a)는 C-1조건의 실험을 수행한 이후에 모형 암반 및 앵커리지의 파괴형상을 보여준다. 최종 파괴 모드는 쐐기 형태를 나타내는 것을 확인할 수 있다. 그림 3.62(b)는 Test #1의 표면부 변위 분포를 보여준다. 암반의 상부 표면에 대한 LVDT 결과는 내부 파괴 형상의 결과와 유사함을 확인할 수 있다.

그림 3.63는 C-5조건의 실험을 수행한 이 후에 모형 암반 및 앵커리지의 단면을 보여준다. C-5에서는 앵커리지 정착판에서 인발 방향으로 압축 파괴가 발생하여 터널 내부 재료의 풀아웃 파괴 모드를 보여주는 것을 확인 할 수 있다. 이러한 결과로부터 앵커리지 또는 앵커리지 정착판의 구조가 파괴모드에 큰 영향을 미친다는 것을 알 수 있다. 따라서 앵커리지 정착판의 직경이 터널 내경 보다 작을 때 풀아웃 파괴 모드가 발생하고 또한 앵커 플레이트의 직경이 터널의 내경보다 길 때 쐐기형 파괴 모드가 발생한다.

(a) 파괴모드

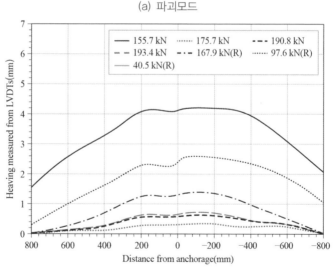

(b) 지표면의 거리에 따른 변위

[그림 3.62] C-1(정착판 길이, Lₚ=110mm) 조건에서의 실험 결과

(a) 2차원 축소모형 실험의 전경

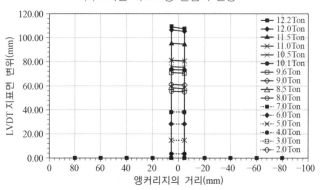

(b) 3차원 축소모형 실험의 전경

[그림 3.63] C-5(정착판 길이, L_p=73mm) 조건에서의 실험 결과

지반정수 산정

A) 지층에 대한 평균 마찰각 산정

[단위 : mm]

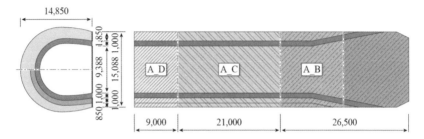

[그림 3.64] 설계사례에 적용된 터널식 앵커리지 주변 지반의 평균 마찰각 산정 모식도(울산대교의 설계서 재구성, ㈜유신코퍼레이션, 2009)

구분	단면적(㎡)	마찰각(°)	tan(ϕ)	tan(ϕ)×단면적	평균 마찰각(°)
D Zone(A_D)	117.508	34.000	0.675	79.260	
C Zone(A_C)	391.693	43.800	0.959	375.620	46.694
B Zone(A_B)	359.333	52.400	1.299	466.603	
합계	868.534			921.484	

B) 지층에 대한 평균 점착력 산정

[단위 : mm]

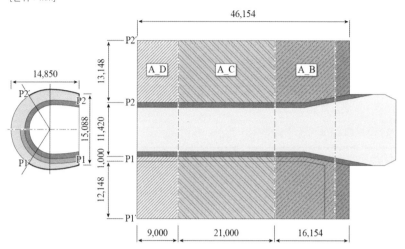

[그림 3.65] 설계사례에 적용된 터널식 앵커리지 주변 지반의 평균 점착력 산정 모식
도(울산대교의 설계서 재구성, ㈜유신코퍼레이션, 2009)

구분	단면적(㎡)	점착력(kPa)	점착력(kPa) × 단면적	평균 점착력 (kPa)
D Zone(A_D)	236.796	36.000	8,524.656	
C Zone(A_C)	552.525	109.000	60,225.225	154.121
B Zone(A_B)	407.313	284.000	115,676.892	
합계	1,196.634		184,426.773	

극한/상시한계상태

A) 케이블 하중

구분		상시	지진 시
케이블 하중	T(kN / Bridge)	257,252	259,814
	T(kN / Cable)	128,626	129,907

B) 콘크리트와 강재의 체적

종단면도

[단위 : mm]

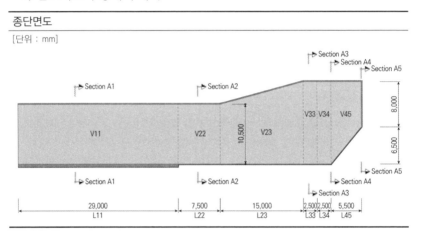

평면도

[단위 : mm]

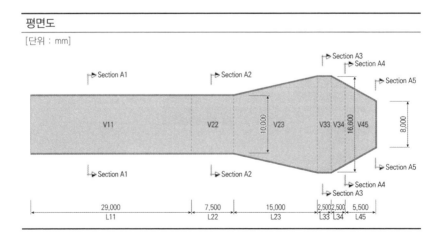

1) 구간별 길이

V11 zone 길이	L11	=	29.0m
V22 zone 길이	L22	=	7.5m
V23 zone 길이	L23	=	15.0m
V33 zone 길이	L33	=	2.5m
V34 zone 길이	L34	=	2.5m
V45 zone 길이	L45	=	5.5m
	전체길이	=	62.0m

2) 단면적

[단위 : mm]

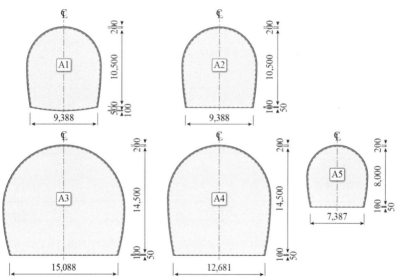

[그림 3.66] 극한/상시한계상태 시 설계사례에 적용된 터널식 앵커리지 단면적
(울산대교의 설계서 재구성, ㈜유신코퍼레이션, 2009)

구분	A1	A2	A3	A4	A5
단면적(m²)	102.0	99.3	217.4	186.4	61.2
하부폭(m)	9.4	9.4	15.1	12.7	7.4

3) 체적

V11 = A1 × L11	=	102.0	×	29.0	=	2,959 m³
V22 = A2 × L22	=	99.3	×	7.5	=	745 m³
V23 = (A2+A3)/2 × L23	=	158.4	×	15.0	=	2,376 m³
V33 = A3 × L33	=	217.4	×	2.5	=	544 m³
V34 = (A3+A4)/2 × L34	=	201.9	×	2.5	=	505 m³
V45 = (A4+A5)/2 × L45	=	123.8	×	5.5	=	681 m³
			전체 체적		=	7,809 m³

4) 강재 체적

강재 중량   =   7,804kN
강재 단위중량   =   78.5kN/m³
강재 체적   =   강재 중량 / 강재 단위중량
                7,804 / 78.50 = 99.41 m³

5) 콘크리트 체적(강재 체적 고려)

구분	V11	V22	V23	V33	V34	V45	강재	합계
체적(m³)	2,959	745	2,376	544	505	681	(99.41)	7,710

C) 연동암 체적

종단면도

[단위 : mm]

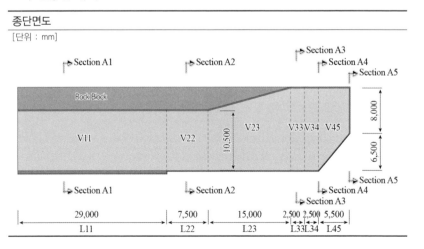

[단위 : mm]

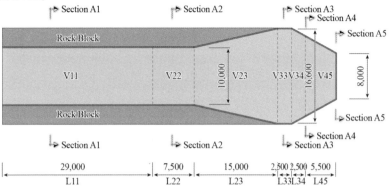

$$V_{total} = A3 \times (L11 + L22 + L23)$$
$$= 217.429 \times (29.0 + 7.5 + 15.0) = 11.198\,m^3$$
$$V_{concrete} = A2 \times (L11 + L22) + V23$$
$$= 3.626 + 2.376 = 6.001\,m^3$$
$$암\ 체적 = V_{total} - V_{concrete}$$
$$= 11.198 - 6.001 = 5.196\,m^3$$

D) 전체 체적 및 중량

구분	콘크리트	강재	암	합계	부력	전체 저항중량
체적(m^3)	7,710	99.41	5,196	13,005		
단위중량(kN/m^3)	23.5	78.5	24.4		10	
중량(kN)	181,178	7,804	126,786	315,767	-130,052	185,715

▌극단한계상태

A) 케이블 하중

구분		상시	지진 시
케이블 하중	T(kN/Bridge)	257,252	259,814
	T(kN/Cable)	128,626	129,907

B) 콘크리트와 강체 체적

종단면도

[단위 : mm]

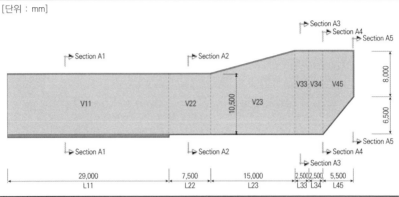

평면도

[단위 : mm]

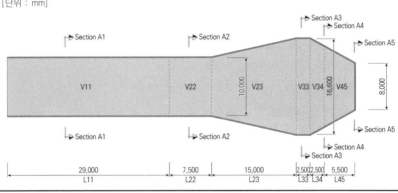

1) 구간별 길이

V11 zone 길이	L11	= 29.0m
V22 zone 길이	L22	= 7.5m
V23 zone 길이	L23	= 15.0m
V33 zone 길이	L33	= 2.5m
V34 zone 길이	L34	= 2.5m
V45 zone 길이	L45	= 5.5m
	전체길이	= 62.0m

2) 단면적

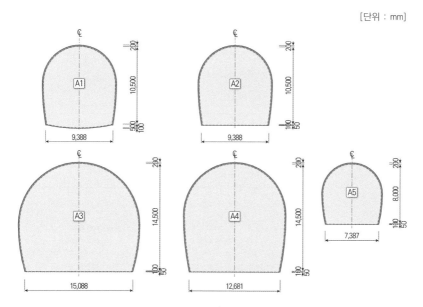

[단위 : mm]

[그림 3.67] 극단한계상태 시 설계사례에 적용된 터널식 앵커리지 단면적(울산대교의 설계서 재구성, ㈜유신코퍼레이션, 2009)

구분	A1	A2	A3	A4	A5
단면적(m²)	102.0	99.3	217.4	186.4	61.2
하부폭(m)	9.4	9.4	15.1	12.7	7.4

3) 체적

V11 = A1 × L11	=	102.0	×	29.0	=	2,959 m³
V22 = A2 × L22	=	99.3	×	7.5	=	745 m³
V23 = (A2+A3)/2 × L23	=	158.4	×	15.0	=	2,376 m³
V33 = A3 × L33	=	217.4	×	2.5	=	544 m³
V34 = (A3+A4)/2 × L34	=	201.9	×	2.5	=	505 m³
V45 = (A4+A5)/2 × L45	=	123.8	×	5.5	=	681 m³
			전체 체적		=	7,809 m³

4) 강재 체적

강재 중량 = 7,804kN
γ_steel = 78.5kN/m^3
강재 체적 = 강재 중량 / γ_steel
7,804 / 78.50 = 99.41m^3

5) 콘크리트 체적(강재 체적 고려)

구분	V11	V22	V23	V33	V34	V45	강재	합계
체적(m^3)	2,959	745	2,376	544	505	681	-99.41	7,710

C) 연동암 체적

종단면도

[단위 : mm]

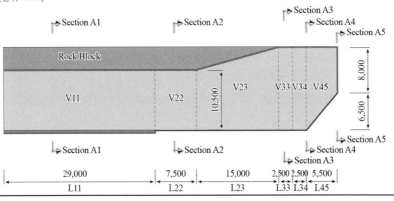

평면도

[단위 : mm]

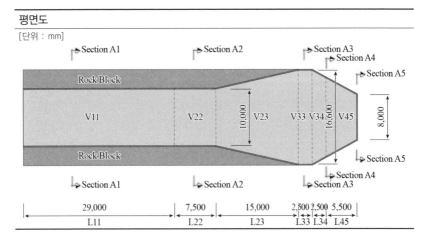

$$V_{total} = A3 \times (L11 + L22 + L23)$$
$$= 217.429 \times (29.0 + 7.5 + 15.0) = 11.198\,m^3$$
$$V_{concrete} = A2 \times (L11 + L22) + V23$$
$$= 3.626 + 2.376 = 6.001\,m^3$$

암 체적 $= V_{total} - V_{concrete}$
$$= 11.198 - 6.001 = 5.196\,m^3$$

D) 전체 체적 및 중량

구분	콘크리트	강재	암	합계	부력	전체 저항중량
체적(m³)	7,710	99.41	5,196	13,005		
단위중량(kN/m³)	23.5	78.5	24.4		10	
중량(kN)	181,178	7,804	126,786	315,767	-130,052	185,715

▍ 저항력(① 손상 암반의 저감된 강도정수 적용)

A) 마찰저항력($\mu\ W\cos\theta$)
- 가상파괴블럭 저면의 마찰력만 고려함
- 터널 사이의 이완영역을 고려함

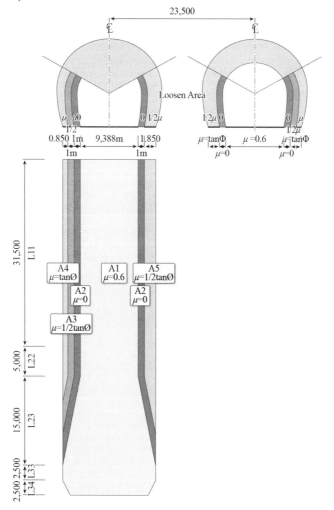

[단위 : mm]

[그림 3.68] 손상 암반의 저감된 강도정수가 적용되었을 때 터널식 앵커리지의 마찰 저항력 산정 단면(울산대교의 설계서 재구성, ㈜유신코퍼레이션, 2009)

마찰계수 = 0.6 (between rock and concrete), ϕ = 30.964

$\quad\quad\quad$ = $\tan\phi$ (between rock and concrete), ϕ = 46.694 평균 마찰각

A1 = 599.4㎡, A2 = 49.6㎡

A3 = 44.1㎡, A4 = 31.7㎡, A5 = 75.8㎡

저면 마찰계수(μ) $= \dfrac{0.6 \times A1 + \tan\phi \times A4 + 1/2 \times \tan\phi \times (A3 + A5)}{\text{하부 단면적}}$

$$= \dfrac{456.9}{850.2} = 0.537$$

마찰 저항력$= \mu \ W\cos\theta = 0.537 \times 171,393 = 92,102\text{kN}$

B) 점착저항력(c A)

- 가상 파괴블럭의 저면과 가상활동면의 측면저항만을 고려함
- 터널 사이의 이완영역을 고려함
- 콘크리트와 암과의 점착력은 0으로 고려하여 계산함

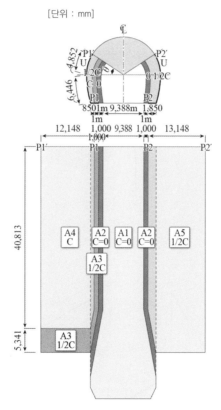

[그림 3.69] 손상 암반의 저감된 강도정수가 적용되었을 때 터널식 앵커리지의 점착
저항력 산정 단면(울산대교의 설계서 재구성, ㈜유신코퍼레이션, 2009)

- 아치부 유효 주연장(U)

   $2U = \pi\,R - 2\,R$ $R =$ 8.5m $U = 4.852$m

   $A1 = 599.4 \ \mathrm{m^2},\ A2 = \ 49.6\mathrm{m^2}$

   $A3 = 104.6 \ \mathrm{m^2},\ A4 = 494.0\mathrm{m^2},\ A5 = 598.0\mathrm{m^2}$

   암반의 점착력(c) = 154.1kPa   평균 점착력

   점착저항력(cA) = c × A4 + 1/2 × c × (A3 + A5) = 130,283kN

C) 활동면의 하중계산

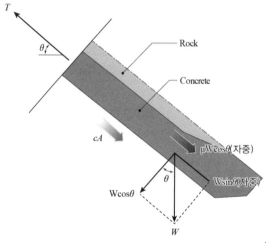

입사각(θ) = 22.649°

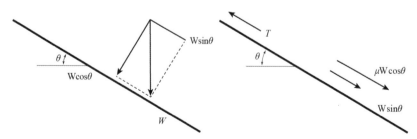

[그림 3.70] 손상 암반의 저감된 강도정수가 적용되었을 때 터널식 앵커리지의 활동
면 하중 모식도(울산대교의 설계서 재구성, ㈜유신코퍼레이션, 2009)

수평 분력(W_H) = $W \sin\theta$ (= resistance $W{\times}\sin\theta$)

$\qquad$ 185,715 × sin 22.649 = 71,516kN

수직 분력(W_V) = $W \cos\theta$

$\qquad$ 185,715 × sin cos 22.649 = 171,393kN

활동면에 작용하는 하중

$\qquad$ 케이블 하중 = 128,626kN

$\qquad$ 활동면의 자중 = $W \sin\theta$ = 71,516kN

$\qquad$ 마찰저항력 = $\mu\ W\cos\theta$ = 0.54× 171,393 = 92,102kN

▌안정검토

A) 활동면의 안전율

$$FS = \frac{W\sin\theta + \mu\ W\cos\theta}{T} \geq 1.1$$

$$FS = \frac{(71,516 + 92,102)}{128,626} 1.27 \geq 1.1 \quad O.K$$

B) 활동면의 안전율

$$FS = \frac{W\sin\theta + \mu\ W\cos\theta + CA}{T} \geq 2.0$$

$$FS = \frac{(71,516 + 92,102 + 130,283)}{128,626} 2.28 \geq 2.0 \quad O.K$$

▌저항력(② 손상을 고려한 암반의 강도정수 적용)

1) 저항력 산정을 위한 가정조건

• ① 손상 암반의 저감된 강도정수 적용 조건의 가정조건과 동일

• ①에서 터널 굴착으로 인한 손상영역의 강도저감을 고려하여 안정성을 평가

2) 저항력 계산

※ ① 손상 암반의 저감된 강도정수 적용 조건 계산결과 참조

a) 앵커리지 콘크리트 구체 체적 산정

 - 앵커리지 구체 체적 = 7,710㎥

b) 연동암 체적 산정

 - 연동암 체적 = 5,196㎥

c) 전체 체적 및 중량 산정

구분	콘크리트	강재	연동암	합계	부력	전체 저항중량
체적(㎥)	7,710	99.41	5,196	13,005		
단위중량(kN/㎥)	23.5	78.5	24.4		10.0	
중량(kN)	181,178	7,804	126,786	315,767	−130,052	185,715

 - 전체 저항 중량 W = 185,715kN

 - 손상암반 구간의 GSI, 교란계수 평가

구분	D등급	C등급	B등급
GSI	15	15	15
교란계수	1.0	0.9	0.8

주의) GSI값과 교란계수를 객관적인 기준에 의해 명확하게 평가하기는 어렵기 때문에 설계자 또는 암반전문가의 판단에 의해 근거 있는 값을 적용하도록 한다. 다만, 본 예제에서는 손상영역을 평가하는 하나의 방법을 제시하기 위한 목적이므로 개략적으로 값을 평가하였다.

 - 결정된 GSI, 교란계수에 의해 RocLab 프로그램을 활용한 손상암반의 강도를 재평가

구분	D등급	C등급	B등급
GSI	15	15	15
교란계수	1.0	0.9	0.8
c(점착력)	34	73	110
ϕ(내부마찰각)	33.4	34.4	37.7

- 마찰계수(μ) = 0.6(암과 콘크리트), $\tan\phi$(암과 암)

- 평균내부마찰각 = 35.7°

- 저면마찰계수(μ) = 0.648(하부면적에 따른 평균마찰계수 적용)

- 마찰저항력(kN) = $\mu \cdot W{\cdot}\cos\theta$ = 0.648 × 185,715 × cos(22.649)

$$= 111,063\text{kN}$$

d) 점착저항력 산정

- 검토 조건

• 가상 파괴블럭의 저면과 가상활동면의 측면저항만을 고려함

• 터널 사이의 이완영역을 고려함(굴착면 주변 손상암반 고려)

• 콘크리트와 암과의 점착력은 0으로 고려하여 계산함

- 아치부 유효 주면장(U) = ($\pi{\cdot}r$ - $2r$)/2 = 4.852m (r = 8.5m)

- 원암반의 점착력(c) = 154.1kPa (평균점착력, 면적대비 계산)

- 손상암반의 점착력(c') = 77.9kPa (평균점착력, 면적대비 계산)

- 점착저항력($c{\cdot}A$) = c × A4 + c' × (A2+A3+A2+A5) = 138,580kN

3) 활동안정성 검토

a) 검토단면

- ① 손상 암반의 저감된 강도정수 적용 조건의 활동안정검토 개념도에 나타
난 것처럼 활동면을 기준으로 수평분력과 수직분력으로 작용 및 저항력을
구분하여 각각을 계산한다.

• 수직분력 $W\cos\theta$ = 185,715 x cos(22.649) = 171,393kN

• 수평분력 $W\cos\theta$ = 185,715 x sin(22.649) = 71,516kN

• 케이블하중 T = 128,626kN

• $\mu\ W\cos\theta$ = 111,063kN

• $c{\cdot}A$ = 138,580kN

- 허용안전율은 점착저항을 무시하는 경우에는 FS=1.0, 점착저항을 고려하는
경우는 FS=2.0을 고려하는 것으로 한다. 파괴메커니즘이 명확하게 정립되지
않았기 때문에 다양한 경우에 대비하여 최소의 안전성을 확보하기 위함이다.

b) 검토결과

점착저항 고려 기준 F.S=2.0	$F.S = \dfrac{W\sin\theta + \mu W\cos\theta + c \cdot A}{T} = 2.50 \geq 2.0$ O.K
마찰저항만 고려 기준 F.S = 1.0(일본사례) = 1.1(국내사례))	$F.S = \dfrac{W\sin\theta + \mu W\cos\theta}{T} = 1.42 \geq 1.0$ O.K

■ 저항력(③ 쐐기파괴($\phi/2$)를 가정한 설계)

1) 저항력 산정을 위한 가정조건

   • $\phi/2$ 쐐기각으로 인하여 기준 활동면이 변경되어 마찰력 산정 시 고려

   • 양측 앵커리지 중복단면 영향 고려

   • 지하수위는 안전측으로 하여 구체상단에 있는 것으로 가정

   • 가상파괴블럭 저면의 마찰저항만 고려(암과 콘크리트의 마찰저항은 무시)

   • 상부 점착저항은 고려하지 않음

2) 저항력 산정 개요도

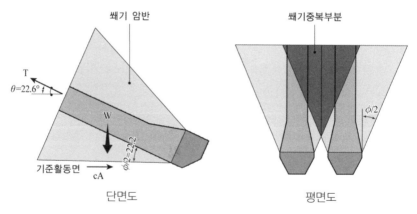

[그림 3.71] 터널식 앵커리지의 저항력 산정 개요도(울산대교의 설계서 재구성,
㈜유신코퍼레이션, 2009)

3) 저항력 계산

a) 앵커리지 콘크리트 구체 체적 산정

- 앵커리지 구체 체적 = 7,710m³

b) 쐐기암반 체적 산정

쐐기암반의 체적은 산술적으로 부피를 구하는 문제이므로 적절한 프로그램을 사용하여 산정한다. 또한, 쐐기암반의 중첩부분의 1/2만을 고려하여 앵커리지 활동검토에 적용한다. 보다 상세한 방법은 저항력(① 손상 암반의 저감된 강도정수 적용)의 방식을 참조하도록 한다.

- 쐐기암반 체적 = 97,206(전체쐐기암반) - 24,787(중첩) - 7,710(앵커리지구체)
- 99(강재) = 64,610m³

c) 전체 체적 및 중량 산정

구분	콘크리트	강재	쐐기암반	합계	부력	전체 저항중량
체적(m³)	7,710	99.41	64,610	72,419		
단위중량(kN/m³)	23.5	78.5	24.4		10.0	
중량(kN)	181,178	7,804	1,576,484	1,765,466	−724,190	1,041,276

- 전체 저항 중량 W = 1,041,276kN

d) 마찰저항력 산정

- 검토 조건
  - θ = 22.649°, $\phi/2$ = 22.2°
  - θ' = 0.45°
- 마찰계수(μ) = $\tan\phi$(암과 암), 평균내부마찰각 = 44.4°
- 저면마찰계수(μ) = 0.81(하부면적에 따른 평균마찰계수 적용)
                    (case 1 계산방법 참조)
- 마찰저항력(kN) = $\mu \cdot W \cdot \cos\theta'$ = 0.81 × 1,041,276 × cos(0.45)
                = 843,408kN

e) 점착저항력 산정

 - 검토 조건

   • 가상 파괴블럭의 저면과 가상활동면의 측면저항만을 고려함

   • 가상활동면의 측면저항 면적은 1/2만을 고려함

 - 암반의 점착력(c) = 153.6 kPa(평균점착력, ① 계산방법 참조)

 - 점착저항력($c \cdot A$) = 247,895kN

4) 활동안정성 검토

a) 활동저항력 산정

 - ①의 활동안정검토 개념도에 나타난 것처럼 변경된 활동면을 기준으로 수평
   분력과 수직분력으로 작용 및 저항력을 구분하여 각각의 분력을 계산한다.

   • 수직분력 $W\cos\theta' = 1{,}041{,}276 \times \cos(0.45) = 1{,}041{,}244$kN

   • 수평분력 $W\sin\theta' = 1{,}041{,}276 \times \sin(0.45) = 8{,}178$kN

   • 케이블하중 $T = 128{,}626$ kN

   • 수평분력 $T\cos\theta' = 128{,}626 \times \cos(0.45) = 128{,}622$kN

   • 수직분력 $T\sin\theta' = 128{,}626 \times \sin(0.45) = 1{,}010$kN

   • $\mu(W\cos\theta - T\sin\theta') = 0.81 \times (1{,}041{,}244 - 1{,}010) = 842{,}589$kN

   • $c \cdot A = 247{,}895$kN

b) 검토결과

점착저항 고려 기준 F.S = 3.0, 쐐기 파괴 시	$FS = \dfrac{W\sin\theta' + \mu(W\cos\theta' - T\sin\theta') + c \cdot A}{T\cos\theta'} = 8.54 \geq 3.0$	O.K
마찰저항만 고려 기준 F.S = 1.0(일본사례) = 1.1(국내사례)	$FS = \dfrac{W\sin\theta' + \mu(W\cos\theta' - T\sin\theta')}{T\cos\theta'} = 6.61 \geq 1.0$	O.K

5) 파괴모드별 저항력 평가

구분		Pull-out파괴모드	Pull-out파괴모드 (손상암반 고려)	쐐기파괴모드 (손상암반 고려)
점착저항력(kN)		92,102	138,580	247,895
마찰저항력(kN)		130,283	111,063	842,589
활동검토 안전율	점착저항 고려	2.28	2.50	8.54
	마찰저항 고려	1.27	1.42	6.61

실제 실무에서는 아직까지 저항 메커니즘 및 설계법이 정립되지 않은 상태이므로, 상기의 검토방법을 포함하여 필요시 새로운 검토방법 제시 및 다양한 수치해석 결과의 활용 등을 통해 다각도로 검토할 수 있다. 상기 설계방법을 통해 지나치게 보수적인 설계가 예상된다면 설계자의 판단에 의해 앵커리지 형상 및 규모를 변경할 필요가 있으며, 최소안정성을 확보할 때까지 검토를 재수행하여야 한다.

터널식 앵커리지의 기하학적 특성에 따른 인발거동 분석

　　본 설계 포인트에서는 터널식 앵커리지의 확폭부 높이와 설치 간격 등 기하학적 특성에 따른 터널식 앵커리지 인발저항특성을 분석한 내용을 담고 있다. 이를 위해 수치해석을 수행하였고 해석에 사용된 프로그램은 3차원 유한요소 해석 프로그램인 Plaxis 3D(ver. 2020)이다. 터널식 앵커리지는 국내에 시공된 울산대교 터널식 앵커리지의 실제단면과 지반조건을 고려하여 모델링하였다. 자세한 수치해석 모델링 방법은 본 기술지도서 제4장에 기술된 내용을 참고하길 바란다.

▶ 터널식 앵커리지의 확폭부 높이에 따른 인발거동 분석

　　그림 3.72(a)와 같이 터널식 앵커리지는 하단부에 단면이 커지는 확폭부의 형상을 가진다. 터널식 앵커리지 확폭부의 변화에 따른 터널식 앵커리지의 인발저항 특성을 관찰하기 위하여 이 확폭부 높이를 H=0m, H=2m, H=4m, H=6m, H=8m 등으로 변화시켜가며 수치해석을 수행하였다(그림 3.72(b)~(f) 참조).

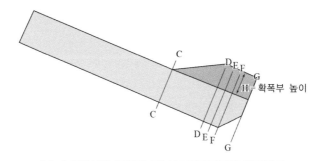

(a) 수치해석에 적용된 터널식 앵커리지의 종단면도

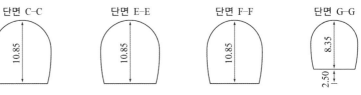

(b) H=0m일 때 터널식 앵커리지의 횡단면도

[그림 3.72] 터널식 앵커리지의 확폭부 변화에 따른 지점별 단면도

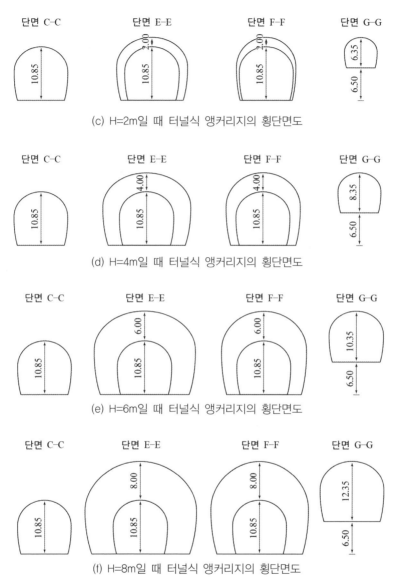

(c) H=2m일 때 터널식 앵커리지의 횡단면도

(d) H=4m일 때 터널식 앵커리지의 횡단면도

(e) H=6m일 때 터널식 앵커리지의 횡단면도

(f) H=8m일 때 터널식 앵커리지의 횡단면도

[그림 3.72] 터널식 앵커리지의 확폭부 변화에 따른 지점별 단면도(계속)

그림 3.73은 케이블하중이 작용할 때 터널식 앵커리지의 확폭부 변화에 따른 앵커리지 주변 암반지반의 변위 등고선(contour)을 나타낸다. 앵커리지 확폭부 높이가 0m일 경우, 케이블 하중에 따라 발생하는 앵커리지 구체 주변 암반지반의 변위가 거의 발생하지 않는 것을 확인할 수 있다. 반면에, 확폭부 높이가 2.0m일 때부터는 케이블 하중에 따라 앵커리지 구체 주변 암반지반의 변위가 발생됨을 확인 할 수 있다. 또한, 변위 등고선을 통해서 확폭부 높이가 점점 높아갈수록 주변 암반지반의 변위영역이 증가되는 경향을 확인 할 수 있다. 특히, 확폭부 높이가 6m 이상일 경우 변위영역이 비탈면 상단까지 확장됨을 알 수 있다.

이러한 수치해석 결과로부터 케이블하중에 따른 터널식 앵커리지 주변지반의 파괴형태는 확폭부 높이에 따라 변화된다는 것을 알 수 있다. 확폭부가 없는 경우에는 앵커리지 구체의 외측면에 따라 파괴가 발생하는 풀아웃(pull-out) 파괴형태를 보이며 확폭부가 있는 경우에는 앵커리지 구체 주변 암반으로 변위가 전이되어 발생하는 쐐기(wedge) 파괴형태를 보인다. 현재 국내 터널식 앵커리지의 설계에서는 보수적인 관점에서 앵커리지의 파괴형태를 풀아웃(pull-out)으로 가정한다. 일반적으로 터널식 앵커리지의 하단부에는 확폭부가 존재하기 때문에 쐐기(wedge) 파괴형태로 가정하여 터널식 앵커리지를 설계하는 것이 보다 합리적일 것이다.

그림 3.73에서는 터널식 앵커리지 확폭부 높이에 따른 주변지반 파괴각도를 확인할 수 있다. 여기서 파괴각도란 앵커리지 구체 외측면과 주변 암반의 파괴면이 이루는 각도이다.

앵커리지 확폭부 높이가 0m일 경우에는 파괴각도가 0°, 즉 풀아웃(pull-out) 파괴형태를 보이고 있다. 확폭부 높이가 2m, 4m, 6m, 8.0m일 때의 파괴각도는 각각 14°, 20°, 22°, 23°로, 쐐기(wedge) 파괴형태를 보인다. 확폭부 높이에 따른 파괴각도 증가비(확폭부 높이별 파괴각도/확폭부 높이 2.0m일 때 파괴각도)는 1.0, 1.43, 1.57, 1.62로 확폭부 높이가 4.0m일 때는 2.0m일 때 보다 약 43%로 급격하게 늘어났으나, 확폭부 높이가 4.0m이상일 경우에는 확폭부 높이에 따른 파괴각도 증가비가 둔화되는 경향을 보인다.

(a) 확폭부 높이 H=0m 케이스

(b) 확폭부 높이 H=2m 케이스

(c) 확폭부 높이 H=4m 케이스

(d) 확폭부 높이 H=6m 케이스

(e) 확폭부 높이 H=8m 케이스

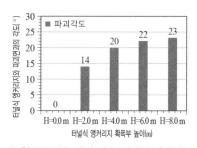

(f) 확폭부의 높이에 따른 지반의 파괴각도

[그림 3.73] 터널식 앵커리지 확폭부 높이에 따른 변위 등고선 및 주변지반 파괴각

그림 3.74는 확폭부 높이별 앵커리지의 하중-수평변위곡선을 나타낸다. 확폭부 높이가 2m일 때 극한하중이 급증하고, 확폭부 높이가 4.0m이상일 경우부터 극한하중의 증가율이 둔화되는 것을 확인할 수 있다. 이는 파괴각도 증가율과 동일한 경향을 나타낸다.

그림 3.75는 극한하중 및 극한하중 증가비(극한하중을 H=0m 일 때의 극한하중으로 나눈 값)를 나타낸다. 확폭부 높이가 증가할수록 극한하중과 극한하중 증가비가 증가하는 것으로 나타났다.

확폭부 높이가 4.0m일 때는 2.0m일 때 보다 약 33%로 급격하게 늘어났으나, 확폭부 높이가 4.0m 이상일 경우에는 확폭부 높이에 따른 파괴각도 증가비가 둔화되는 경향을 보인다.

따라서, 터널식 앵커리지의 확폭부 높이에 따른 인발 거동을 분석하여 최적의 확폭부 높이를 설정한다면 합리적인 터널식 앵커리지의 설계가 될 것이다.

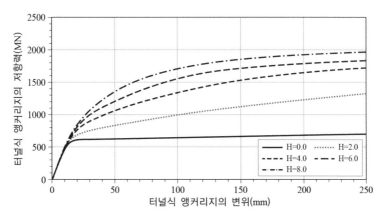

[그림 3.74] 확폭부 높이별 터널식 앵커리지의 하중–수평변위 곡선

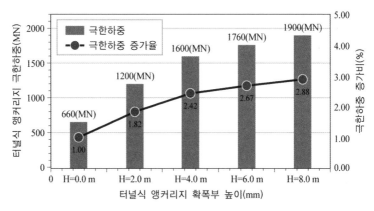

[그림 3.75] 확폭부 높이에 따른 터널식 앵커리지의 극한하중과 극한하중 증가비

▶ 터널식 앵커리지의 설치간격 변화에 따른 인발거동 분석

터널식 앵커리지 설치간격 변화에 따른 인발저항특성을 분석하기 위하여 앵커리지의 설치간격을 18.5m, 23.5m, 28.5m로 변화시켜가며 수치해석을 수행하였다(그림 3.76). 여기서 23.5m는 울산대교에 시공된 터널식 앵커리지의 간격이다.

그림 3.77은 터널식 앵커리지 설치간격에 따른 앵커리지의 하중-수평변위 곡선을 나타내고 그림 3.78은 설치간격별 변위벡터를 나타낸다. 터널식 앵커리지 설치간격이 넓어질수록 극한하중은 점점 증가하는 것을 확인할 수 있다.

그림 3.78에서 터널식 앵커리지 설치간격이 조밀할수록 앵커리지 사이에서 변위벡터가 집중되어 증가되고 있음을 확인할 수 있다. 이러한 수치해석 결과를 통해서 터널식 앵커리지의 설치간격에 따라 군말뚝 기초에서 나타나는 군말뚝 효과(group effect)와 유사한 거동이 발생하는 것을 알 수 있다. 따라서 터널식 앵커리지의 설치 위치를 결정할 때 설치 간격을 좀 더 효율적으로 적용한다면 보다 합리적인 터널식 앵커리지 설계가 가능할 것이다.

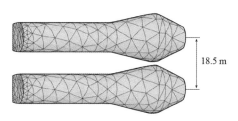

(a) 앵커리지 설치 간격: 18.5m

[그림 3.76] 터널식 앵커리지 설치 간격에 따른 구체 모델링

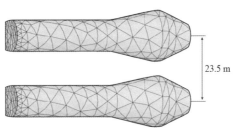

(b) 앵커리지 설치 간격: 23.5m

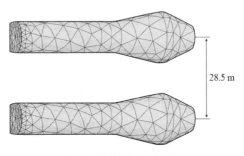

(c) 앵커리지 설치 간격: 28.5m

[그림 3.76] 터널식 앵커리지 설치 간격에 따른 구체 모델링(계속)

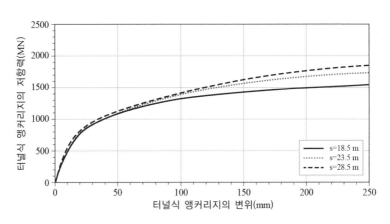

[그림 3.77] 터널식 앵커리지 설치 간격에 따른 터널식 앵커리지의 하중–수평변위 곡선

(a) 설치간격: 18.5m

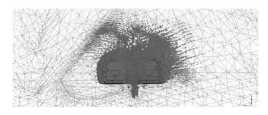

(b) 설치간격: 23.5m

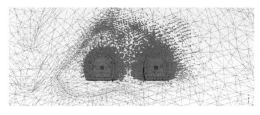

(c) 설치간격: 28.5m

[그림 3.78] 터널식 앵커리지 설치 간격에 따른 앵커리지 주변 지반의 변위 벡터 분포도

암반의 절리특성에 따른 터널식 앵커리지의 인발거동

　　본 설계 포인트에서는 수치해석을 통하여 암반의 절리특성에 따른 터널식 앵커리지의 인발거동을 분석한 내용을 담고 있다. 암반의 절리 방향, 절리 간격, 절리면의 강도정수 등 절리 특성을 고려하여 수치해석을 수행하였다. 수치해석에 사용된 프로그램은 Plaxis 3D(ver.2020)이다. 터널식 앵커리지는 국내에 시공된 울산대교의 터널식 앵커리지의 실제단면과 지반조건을 고려하여 모델링하였다.

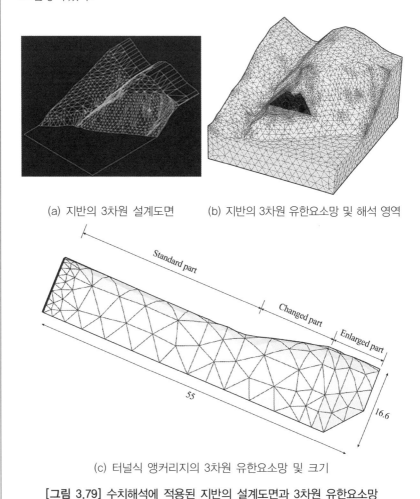

(a) 지반의 3차원 설계도면　　　　(b) 지반의 3차원 유한요소망 및 해석 영역

Standard part

Changed part

Enlarged part

55

16.6

(c) 터널식 앵커리지의 3차원 유한요소망 및 크기

[그림 3.79] 수치해석에 적용된 지반의 설계도면과 3차원 유한요소망

그림 3.79는 수치해석에 적용된 지반의 설계도면과 3차원 유한요소망을 나타낸다. 그림 3.79(a)의 3차원 지반 설계도면을 활용하여 그림3.79(b)와 같이 유한요소망을 생성하였다. 그림 3.79(c)는 터널식 앵커리지의 3차원 유한요소망을 나타낸다. 앵커리지에 작용하는 인발하중은 지점하중으로 대신하였고 지점하중에 따른 앵커리지의 부분적인 파괴를 방지하기 위하여 터널식 앵커리지의 구체에는 강체(rigid body)모델이 적용되었다. 토사 및 암반 지반은 실무에서 널리 사용되는 Mohr-Coulmob 모델이 적용되었다. 앵커리지와 지반의 경계면에는 앵커리지 구체와 지반의 상호작용을 고려할 수 있도록 경계면 요소를 적용하였다. 또한, 연속체해석에서 절리면을 모델링하기 위해서 해석에 적용된 모든 절리면에도 경계면 요소를 적용하였다. 경계면 요소는 가상의 두께 영역으로서 케이블 하중에 따라 앵커리지와 지반 사이에 미끄러짐(slip mode)이 발생하기 전에는 인접한 지반과 동일한 물성을 지닌 요소처럼 거동한다. 그리고 케이블 하중에 따라 앵커리지와 지반 사이에 미끄러짐이 발생하게 되면 감소된 전단 계수 값이 경계면 요소에 할당이 이 되어 앵커리지와 지반의 상호작용을 모사하게 된다. 지반 및 절리의 물성은 표3.15 및 표3.16과 같이 울산대교의 설계도서를 토대로 적용되었고 절리의 간격은 10m로 적용되었다. 절리면의 경계면 요소는 K_n(탄성 경계 수직 강성)과 K_s(탄성 경계 전단 강성) 값이 적용되었다. 그림 3.80은 암반의 절리방향에 따라 적용된 절리면을 나타내고 있다.

[표 3.15] 암반의 절리특성에 따른 터널식 앵커리지의 인발거동을 평가하기 위해 사용된 설계지반정수(㈜유신코퍼레이션, 2009)

지반	$\gamma(kN/㎥)$	$E(kN/㎡)$	$\phi(°)$	$c(kN/㎡)$	ν
토사	18	20,000	30	10	0.35
암반	22	1,101,000	33	200	0.25

[표 3.16] 암반의 절리특성에 따른 터널식 앵커리지의 인발거동을 평가하기 위해 사용된 불연속체 설계지반정수(㈜유신코퍼레이션, 2009)

절리군 (Joint Set, JS)	dip/dip direction	c (kPa)	ϕ (°)	k_n (MPa/mm)	K_s (MPa/mm)
JS #1	60/162	23.5	30.5	8.96	0.78
JS #2	60/342	23.5	30.5	13.04	0.87
JS #3	55/252	23.5	30.5	13.32	0.89

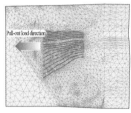 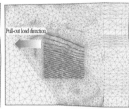 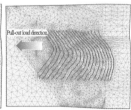

(a) 절리 JS #1을 적용한 지   (b) 절리 JS #2를 적용한 지   (c) 절리 JS #3을 적용한 지
반의 3차원 유한요소망   반의 3차원 유한요소망   반의 3차원 유한요소망

[그림 3.80] 암반의 절리면이 적용된 지반의 3차원 유한요소망

암반의 절리 특성이 터널식 앵커리지에 미치는 영향을 분석하기 위하여 매개변수 수치해석을 수행하였다. 수치해석은 절리 방향(dip/dip direction)과 절리 간격(s)의 매개변수를 사용하여 수행되었다. 표3.17은 각각의 매개변수에 대한 해석 케이스를 나타내고 케이블 인발은 극한상태를 확인하기 위하여 변위제어방법이 적용되었다.

[표 3.17] 암반의 절리특성에 따른 터널식 앵커리지의 인발거동을 평가하기 위해 수치해석에 적용된 해석 케이스

매개변수	해석 케이스
절리 방향(dip/dip direciton)	60/162, 60/342, 55/252
절리 간격(s)	10, 15, 20m

▶ **암반의 절리 방향에 따른 터널식 앵커리지의 인발특성 분석**

그림 3.81은 암반의 절리방향에 따른 터널식 앵커리지의 하중-수평 변위 곡선을 나타낸다. 암반의 절리가 존재하지 않는 경우 극한하중이 가장 크게 나타났다. 그리고 절리방향이 케이블하중이 작용하는 방향과 수직인 'Joint 3' 해석 케이스가 극한하중이 가장 작게 나타났다. 케이블하중과 수직인 방향의 절리면이 존재하는 'JS #3' 해석 케이스(그림 3.80 참조)는 앵커리지의 쐐기(wedge) 파괴형태와 일치하기 때문에 가장 작은 극한하중을 나타낸 것으로 판단된다. 본 해석 결과를 통해 절리의 방향이 터널식 앵커리지의 인발거동에 영향을 크게 미친다는 것을 확인할 수 있다.

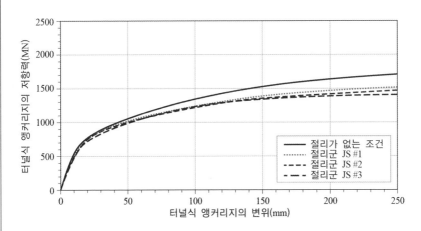

[그림 3.81] 절리방향에 따른 터널식 앵커리지 하중-수평변위 곡선

▶ **암반의 절리간격에 따른 앵커리지의 인발특성 분석**

울산대교의 터널식 앵커리지가 시공된 암반의 절리군 3개(dip/dip direction: 60/162, 60/342, 55/252)를 동시에 모델링하여 불연속체 절리간격(10m, 15m, 20m)이 앵커리지 인발특성에 미치는 영향을 분석하였다. 그림 3.82는 불연속체 절리간격별 지반의 3차원 유한요소망을 보여준다.

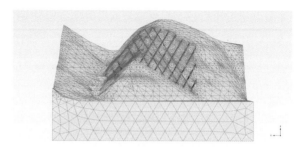

(a) 절리간격 10m인 경우 3차원 지반 유한요소망

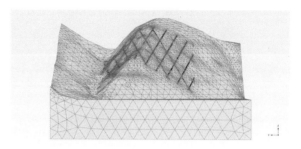

(b) 절리간격 15m인 경우 3차원 지반 유한요소망

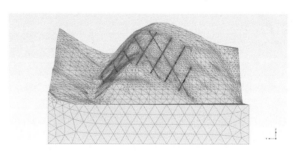

(c) 절리간격 20m인 경우 3차원 지반 유한요소망

[그림 3.82] 터널식 앵커리지 절리간격에 따른 3차원 지반 유한요소망

그림 3.83은 불연속체 절리간격별 터널식 앵커리지의 하중-수평변위 곡선을 나타낸다. 절리 간격이 넓어질수록 극한하중이 증가함을 알 수 있다. 이는 앵커리지에 영향을 미치는 절리면 수가 감소하고, 절리 사이 간격이 커질수록 절리 사이의 암반의 무게가 증가하기 때문으로 판단된다.

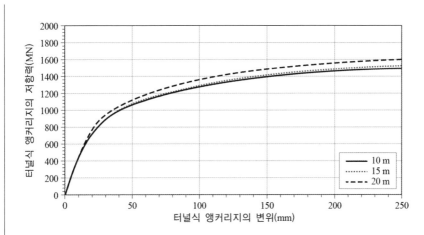

[그림 3.83] 절리간격별 터널식 앵커리지 하중–수평변위 곡선

CHAPTER 4

수치해석을 통한
앵커리지 안정성 검증

Geotechnical Design of Anchorages in Suspension Bridges

수치해석을 통한
앵커리지 안정성 검증

4.1 일반사항

제3장에서 설명한 현수교 앵커리지의 한계상태설계 검토를 완료한 다음 단계로서 수치해석을 이용하여 설계된 앵커리지의 안정성 검증을 수행한다. 이 단계에서는 구조물-지반의 상호작용을 정밀하게 수치해석적으로 분석하고 이를 바탕으로 앵커리지의 안정성을 검증하고 설계를 완료한다.

제4장에서는 터널식과 중력식 앵커리지가 적용된 울산대교의 설계사례를 예제로 하여 앵커리지 안정성 검증을 위한 수치해석과 결과 분석 방법을 기술한다. 수치해석에서는 유한요소법(FEM, finite element method)을 사용하였다. 유한요소법은 완전 수치모델링법(full numerical approach)으로서 대상지반의 모든 요소를 모델링에 포함하며 각 요소 간 경계에서 요구되는 모든 수치적 조건을 고려하여 해석하는 방법이다. 따라서 지반의 응력과 변형률 거동을 나타내는 구성방정식을 사용하여 현장조건과 일치하는 경계조건을 사용한다. 본 장에 사용된 그림은 지반공학 전용 프로그램인 Plaxis 3D(Bentley社, 2020)를 통해 해석한 결과를 나타내며, 본문에서는 특정 프로그램의 용어가 아닌 유한요소해석에서 사용되는

통상적인 용어를 사용하여 여타 프로그램에도 응용할 수 있도록 서술하였다. 앵커리지의 수치해석을 수행하기 위한 일반적인 고려사항은 다음과 같다.

4.1.1 해석 영역의 선정

해석 영역은 지반종류, 지형, 지하수 조건 등을 고려하여 케이블 인발하중에 따른 앵커리지의 거동 영향을 충분히 파악할 수 있는 범위로 설정되어야 한다. 즉, 해석 영역은 결과에 영향을 주지 않는 범위 내에서 효율적인 해석을 위해 설정하는 유한의 계산영역을 말한다. 일반적으로 모델 저면(바닥) 경계의 경우 지반강성이 심도와 함께 증가하므로 경계조건이 해석에 미치는 영향이 크지 않으나 모델의 측면경계는 이에 미치는 영향이 상대적으로 크다. 구성모델의 선택에 따라서도 경계의 영향이 달라진다. 이를 고려하여 최적의 해석 영역을 설정해야 한다. 해석 영역을 설정하기 위해서는 해석 영역을 매개변수로 하여 여러 번 해석을 수행한 후 최적의 해석 영역을 선택하는 것이 바람직하다.

4.1.2 구성모델과 입력물성

지반의 거동은 지반의 구성 재료와 상태 특성 등에 따라 복잡하고 다양하게 나타나므로 한 개의 만능수식으로 표현하는 것은 불가능하다. 이에 따라 지반 조건이나 특정 거동 유형을 표현하는 여러 구성모델들이 제안되어 왔다. 진보된 고급 모델들은 지반의 여러 거동특성을 표현할 수 있는 이점이 있는 반면, 훨씬 더 많은 수의 입력 물성을 필요로 한다. 일부 구성모델의 입력물성은 통상적인 지반조사 외 고가의 정교한 시험을 수행해야 하는 경우가 있다. 따라서 문제의 중요성 및 공학적 모델링 방법 등을 종합적으로 고려하여 해석 대상의 지배거동을 가장 잘 모사할 수 있는 구성모델을 적용해야 한다.

주어진 하중에 대한 지반의 응답(변형률, 응력 등)을 알기 위해서는 대상 문제에 대한 구성방정식(구성모델)이 필요하다. 또한 지반의 설계 해석에 필요한 물성은 적용하고자 하는 구성방정식에 의해 결정된다.

본 장에서 설명할 예제에서는 실무에서 주로 사용하며 필요한 입력 물성의 정보가 널리 알려져 있는 탄성-완전소성(elastic-perfectly plastic)모델인 Mohr-Coulomb 모델을 지반의 구성모델로서 적용하였다. 그림4.1과 같이 Mohr-Coulomb 모델의 선형탄성 부분(ε^e)은 등방탄성 Hooke 법칙을 따르고 완전소성 부분(ε^p)은 Mohr-Coulomb 파괴규준에 근간을 두고 있다. 완전소성모델은 항복면이 고정된 구성모델로 매개변수에 의해 정의되고 소성변형에 영향을 받지 않는 항복면으로 표현된다. 항복면 이내 응력 및 변형 거동상태는 완전탄성으로 표현된다. 식 (4.1)은 탄성-완전소성 모델의 변형률 식을 나타낸다.

$$\epsilon = \epsilon^e + \epsilon^p \qquad\qquad 식(4.1)$$

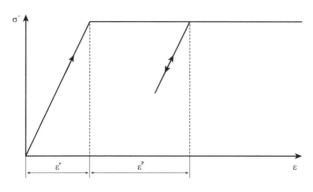

[그림 4.1] 탄소성모델의 기본개념도

Hooke의 법칙은 응력속도를 탄성변형률 속도와 관련시키는데 이용된다. 식 (4.1)을 Hooke의 법칙에 대입하면 식(4.2)으로 나타낼 수 있다.

$$\sigma = D^e \varepsilon^e = D^e (\varepsilon - \varepsilon^p) \qquad\qquad 식(4.2)$$

여기서, D^e : 탄성재료 강성 매트릭스

ε^e : 탄성변형률

ε : 전체변형률

ε^p : 소성변형률

Mohr-Coulomb 모델은 입력물성으로 탄성거동을 정의하는 탄성계수(E)와 포아송비(v), 그리고 강도특성을 정의하는 내부마찰각(ϕ)과 점착력(c)이 요구된다.

탄성계수는 문헌에 나타난 일반적인 범위의 값을 임의로 선택하는 것보다 현장 시험을 통해 얻은 물성치를 이용하는 것이 더욱 합리적이다. 사질토, 풍화토, 풍화암과 같이 비교란시료로 채취가 힘든 지반에서는 공내재하시험을 통해 탄성계수를 산정하고, 점토나 연암 이상의 암반 지반의 경우 비교란시료의 채취가 가능하기 때문에 일축 또는 삼축압축시험을 수행하여 탄성계수를 산정한다. 삼축압축시험을 수행하는 경우 현장 조건을 반영하여 구속압을 결정해주어야 한다.

포아송비는 수치해석 시 수평거동(변위와 응력)에 영향을 미치는 인자이므로 신중하게 결정해야 할 것이다. 점성토지반을 제외하고 사질토지반에서는 포아송비를 실내시험으로 구하는 것이 현실적으로 곤란하여 사례분석을 통해 경험적으로 산정하는 것이 일반적이다.

내부마찰각은 표준관입시험, 직접전단시험, 삼축압축시험, 공내전단시험으로 산정할 수 있다. 사질토의 경우 표준관입시험 및 직접전단시험으로 산정할 수 있으며, 점성토는 삼축압축시험으로 산정할 수 있다. 또한, 풍화토와 풍화암은 공내전단시험을 수행하고, 연암, 보통암, 경암은 삼축압축시험을 통해 산정하는 것을 권장한다. 현장 환경에 따라 시료채취가 어렵거나 시험비용이 많이 드는 경우 경험식을 적용할 수 있다.

점착력은 표준관입, 직접전단시험, 삼축압축시험, 일축압축시험, 공내전단시험, 점하중강도시험을 통해 산정할 수 있다. 사질토의 경우 표준관입시험 및 직접전단시험결과로, 점성토는 삼축압축시험, 풍화토 및 풍화암은 공내전단시험으로 결정할 수 있다. 표 4.1은 입력물성을 산정하기 위해 필요한 최소한의 실내 및 현장시험의 종류를 나타낸다.

[표 4.1] 수치해석 지반 물성치 산정을 위한 대표적인 실내 및 현장시험의 종류

구분	사질토	점성토	풍화토, 풍화암	연암 및 경암
탄성 계수	• 공내재하시험 • 표준관입시험	• 공내재하시험 • 일축압축시험 • 삼축압축시험	• 공내재하시험	• 공내재하시험
포아 송비	–	• 일축압축시험 • 삼축압축시험	–	–
내부 마찰각	• 직접전단시험 • 표준관입시험	• 삼축압축시험 (CU)	• 공내전단시험	• 삼축압축시험
점착력	• 직접전단시험	• 표준관입시험 • 일축압축시험 • 삼축압축시험(UU)	• 공내전단시험	• 일축압축시험 • 점하중강도시험

4.1.3 지반-구조물 상호작용

지반-구조물 상호작용 모델링에 있어서 경계면은 불연속면 또는 강성의 차이가 큰 이질 재료 간 경계(interface)와 모델의 외곽경계(outer boundaries of a model)로 나눌 수 있다. 일반적으로 재료경계는 보통 인터페이스 요소를 사용하고, 모델 경계는 무한요소(infinite element)를 사용하여 모사한다.

일반적으로 구조물과 지반의 강성은 100~10,000배 정도 차이가 있다. 따라서 재료의 경계부에서 접촉 강성을 초과하면 상대변위를 발생시킬 수 있다. 서로 다른 재료 간의 경계면 모델을 적용하지 않을 경우 지반과 구조물이 일체 거동을 하여 실제 지반거동과 상이한 결과를 도출할 수 있으므로 지반과 구조물 사이는 경계면 요소를 적용하여 반드시 분리시켜야 한다. 그림4.2는 옹벽 안정성 검토를 위해 수행한 수치해석 예시를 나타낸다. 2개의 옹벽구조물이 존재하는데 왼쪽 옹벽 구조물은 옹벽저면의 경계면 요소를 적용하지 않고 오른쪽 옹벽저면은 경계면 요소를 적용하였다. 경계면 요소를 적용한 경우 옹벽에는 전도가 발생하고 있지만, 경계면 요소를 적용하지 않을 경우에는 전도가 발생하지 않았다. 따라서 앵커리지 수치해석에 있어서 앵커리지와 주변지반 사이 경계부에는 반드시 경계면 요소를 적용하여 현수교 케이블하중에 의한 수평변위가 과소평가되거나 활동안정성이 과대평가 되지 않도록 해야한다.

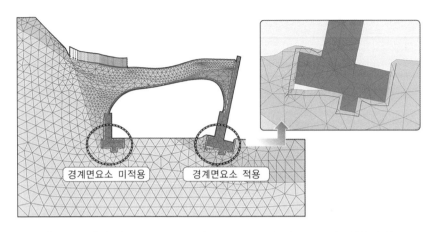

[그림 4.2] 옹벽 저면에서 경계면 요소의 유무에 따른 요소망 변형 차이

4장에서 사용된 경계면 요소는 강도감소법을 사용하였다. 강도감소법에 입력하는 경계면 물성은 강도감소계수(R_{inter})가 있다. 식(4.3)과 식(4.4)와 같이 강도감소계수를 적용함으로써 주변지반의 강도정수(점착력, 내부마찰각)가 감소되어 경계면에서 지반 및 구조물의 거동을 보다 정확하게 분석할 수 있다.

$$c_{inter} = R_{inter} \cdot c_{soil} \qquad \text{식(4.3)}$$
$$\tan\phi_{inter} = R_{inter} \cdot \tan\phi_{soil} \qquad \text{식(4.4)}$$

여기서, c_{inter} : 경계면의 점착력

ϕ_{inter} : 경계면의 내부마찰각

c_{soil} : 경계면과 인접한 지반의 점착력

ϕ_{soil} : 경계면과 인접한 지반의 내부마찰각

R_{inter} : 강도감소계수

강도감소계수는 구조재료(강재(steel), 콘크리트(concrete), 지오그리드(geogrid), 지오텍스타일(geotextile)과 지반조건(사질토, 점성토)에 따라 차등 적용될 수 있으며, 지반해석프로그램인 Plaxis(2020)에서는 별도의 시험값이 없는 한 강도감소계수를 0.67로 가정할 수 있다(ref. 추가). BS규준에서는 강도감소계수를 0.75로 제안하였다. 표4.2는 구조재료와 지반조건에 따라 제안된 강도감소계수를 나타낸다. 강도감소계수는 접촉면특성을 고려한 전단시험결과를 사용하는 것이 가장 바람직하나, 전단시험 수행이 어려운 경우에는 표4.2에서 제시하는 값을 사용할 수도 있다.

[표 4.2] 구조재료와 지반조건에 따른 경계면(Interface) 요소의 강도감소계수(R_{inter})

구분	강도감소계수(R_{inter})	
구조재료와 지반조건	– 사질토와 강재의 경계면	$\fallingdotseq 0.6 \sim 0.7$
	– 점성토와 강재의 경계면	$\fallingdotseq 0.5$
	– 사질토와 콘크리트의 경계면	$\fallingdotseq 1.0 \sim 0.8$
	– 점성토와 콘크리트의 경계면	$\fallingdotseq 1.0 \sim 0.7$
	– 지반과 지오그리드의 경계면	$\fallingdotseq 1.0$
	– 지반과 지오텍스타일의 경계면	$\fallingdotseq 0.9 \sim 0.5$
Plaxis	0.67*	
BS규정	0.75*	

* Plaxis와 BS규정에서 권장하는 값

4.1.4 유한요소망(mesh)

수치해석에서 요소화된 모델요소를 요소망(mesh)라고 하며 요소의 크기와 형태를 어떻게 결정할 것인가는 경험과 직관의 문제이다. 유한요소에서 요소의 크기는 요소에 작용하는 하중, 즉 작용(action)이 집중되는 영역에서는 충분히 적게 설정하는 것이 일반적이며, 작용지점과 멀어질수록 요소를 크게 설정할 수 있다.

요소의 크기와 수는 해석결과에 영향을 미치며 대체로 재료의 거동과 관계된다. 예를 들어 선형재료거동에 대해서는 요소의 크기가 크게 문제될 것이 없지만 거동이 급격하게 변화하는 영역에 대해서는 특별히 주의가 필요하다. 정확한 값을 얻기 위해 거동변화가 크게 나타날 것으로 예측되는 영역에서는 요소망을 세분화하는 것이 좋다. 그 이유는 하중에 의해 요소의 왜곡과 변형이 심해지면 해석의 수렴이 어려워지기 때문이다. 일반적인 비선형재료거동에 대하여 해는 하중이력에 따라 변화하므로 상황은 보다 복잡해진다. 따라서 이러한 문제에 대해서는 해석과정에서 변할 수 있는 경계조건, 재료특성, 그리고 경우에 따라 기하학적 형상까지도 고려하여 요소망을 작성하여야 한다. 모든 경우에 대해서 요소의 크기가 일정하고 규칙적일 때 좋은 결과가 나타난다. 따라서 뒤틀리거나 가늘고 긴 요소가 없도록 하는 것이 좋다.

4.1.5 초기응력

초기응력조건(initial stress conditions)의 설정은 어떤 작용이 지반에 가해지기 전의 지중응력상태를 재현하는 것이다. 지반 거동 해석에서 응력이력(stress history)은 거동에 중요한 영향을 미친다. 따라서 초기응력조건은 실제지반에 부합하게 설정되어야 한다.

정밀한 해석이 요구되는 경우 초기응력은 대상 부지에 대한 현장 측정시험으로 결정해야 한다. 그러나 지반은 이방성 및 불균질한 특성을 지니고 있으므로 지반에 측정기기를 설치할 때 지반이 교란되고 응력장이 변화하므로 지반 내의 정확한 응력을 측정하기란 쉽지 않다. 또한 현실적으로 많은 비용이 들고, 다양한 형태로 분포하는 응력상태를 모두 측정하거나 재현하는 것은 어렵다. 따라서 대부분의 경우 지반의 초기응력은 지중정지응력(geostatic stress)으로 가정하는 경우가 일반적이다.

초기응력은 연직응력(σ_v)과 수평응력(σ_h)으로 구분된다. 연직응력($\sigma_v = \gamma_{soil} \times z$)은 재료의 단위중량과 지층의 두께를 곱함으로써 산정할 수 있다. 수평응력($\sigma_h = \sigma_v \times K_o$)은 연직응력에 정지토압계수를 곱함으로써 산정할 수 있다.

여기서, 정지토압계수를 산정하는 방법은 K_o방법과 Gravity방법이 있다. 그림4.3은 지층 및 지표면 조건에 따른 정지토압계수를 산정하는 방법을 나타낸다.

지층 및 지표면 전부가 평평한 수평일 경우에만 K_o 방법을 사용할 수 있고 그렇지 않은 경우에는 Gravity방법에 의해 정지토압계수를 산정해야 한다. 그리고 적용방법에 따라 정지토압 산정공식도 달라진다는 점에 주의 한다. K_o 방법은 식(4.5)에 의해 산정되며, 지층과 지표면이 항상 수평일 때에만 적용할 수 있는 것에 주의해야 한다.

$$K_o = 1 - \sin\phi'$$ 식(4.5)

여기서, ϕ' : 내부마찰각

Gravity방법은 식(4.6)에 의해 산정되며, 지층과 지표면이 평행하지 않은 경우에 적용한다.

$$K_o = \frac{v}{1-v}$$ 식(4.6)

여기서, ν : 포아송비

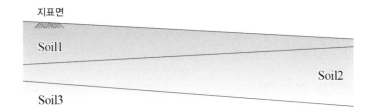

(a) K_o 방법을 적용할 지층 및 지표면

(b) Gravity방법을 적용할 지층 및 지표면

[그림 4.3] 지층 및 지표면 형상에 따라 정지토압계수를 산정하는 방법

또한, 초기응력 산정 시 주의해야 할 점이 있다. 그림 4.4와 같이 기존 구조물과 인접한 지역에 굴착공사를 하는 경우 초기응력은 기존 건물을 제외한 상태에서 산정하도록 한다. 초기상태(initial)에서는 지반만 존재하는 상태에서 초기응력을 산정하고, 좌측건물 활성화, 우측건물 활성화와 같이 단계별로 응력상태를 재현하고, 굴착직전 변위를 초기화하여 안정성을 평가해야 한다.

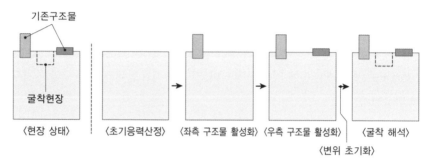

[그림 4.4] 기존 구조물이 있는 경우 초기응력을 산정하는 방법

4.1.6 시공과정의 모사(simulation)

앵커리지 시공 과정에는 굴착(excavation) 및 되메움 작업이 수반된다. 수치해석에서 건설과정은 설치된 구조물이나 작업과정을 미리 요소로 모델에 포함시킨 후, 증분(단계)해석(incremental analysis)과정에서 상황에 맞게 요소를 추가(활성화, activation) 또는 제거(비활성화, de-activation)함으로써 모사된다. 이러한 시공과정의 모사는 주변지반의 응력 이완과 되메움 작업 등으로 인해 구조물에 미치는 영향을 보기 위한 것으로 최대한 실제 시공과정과 유사하게 진행하는 것이 바람직하다.

4.1.7 전단강도 감소기법

유한요소법을 이용한 사면 안정해석에서 안전율은 전단강도 감소기법을 통해 산정할 수 있다. 이 기법은 굴착사면의 파괴가 발생할 때까지 실제 지반의 강도를 점진적으로 감소시켜가며 반복 해석을 통해 안전율을 구하는 방법이다. 전 단강도 감소기법 적용 시, 실제지반의 점착력(c)과 내부마찰각(ϕ)을 시험안전 율(Fs^{trial})로 나누어 일련의 해석을 반복 수행하며, 시험안전율과 이에 의해 감 소된 지반 물성치는 식(4.7)과 식(4.8)의 관계를 갖는다. 그림4.5는 원지반의 파괴 포락선과 시험안전율(Fs^{trial})에 의해 감소된 파괴포락선을 나타낸다. 지반의 파괴포락선과 시험안전율(Fs^{trial})에 의해 감소된 파괴포락선은 동일한 인장강 도 점에서 단지 기울기만 감소한 직선으로 나타나게 된다.

$$c^{trial} = \frac{c}{F_s^{trial}} \qquad\qquad 식(4.7)$$

$$\phi^{trial} = \tan^{-1}\left(\frac{1}{F_s^{trial}} \times \tan\phi\right) \qquad\qquad 식(4.8)$$

여기서, $F_s{}^{trial}$: 시험안전율

c, c^{trial} : 지반의 점착력, 시험안전율이 고려되어 감소된 점착력

ϕ, ϕ^{trial} : 지반의 내부마찰각, 시험안전율이 고려되어 감소된 내부마
찰각

　본 해석에서는 한계상태를 찾기 위해, 점진적으로 전단강도를 낮추어 가며 찾 는 방법(Incremental Search Method)을 사용하였다. 즉, 초기 시험안전율을 1.0으 로 정하고 이 결과가 수렴하면 시험안전율을 0.2 간격으로 증가시켜 가며(즉, 1.0, 1.2, 1.4...) 해석을 수행하는 것이다. 이때 해석에 사용되는 지반의 강도는 점차 감 소하게 된다. 만일 해석결과가 1.4에서 수렴하지 않을 경우, 실제 안전율은 1.2에 서 1.4의 값을 가지게 되므로 다시 1.2에서부터 0.1 간격으로 시험안전율을 증가 시켜 해석을 수행한다. 그리고 1.3에서도 결과가 수렴하지 않으면 실제 안전율은 1.2에서 1.3 사이에 존재하므로 1.2에서부터 0.02의 간격으로 시험안전율을 증가 시켜가며 해석을 수행한다. 이러한 절차는 시험안전율 증가분이 해석 프로그램 내의 허용오차(ε)보다 작아질 때까지 반복한다.

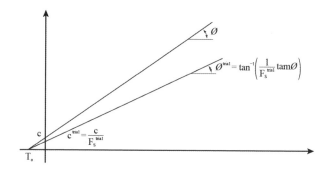

[**그림 4.5**] 전단강도 감소기법에서 지반의 전단강도와 시험전단강도와의 관계

4.2 중력식 앵커리지의 수치해석 예제

4.2.1 해석 대상

본 절에서는 울산대교의 중력식 앵커리지를 대상으로 하여 수치해석 모델링 및 해석과정을 소개한다. 또한 수치해석 과정에서 설계자가 숙지해야 할 주요 검토사항들에 대해서는 해석 포인트로 정리하였다. 수치해석 예제를 통해 다루는 주요 내용은 다음과 같다.

첫째, 실제 설계도와 앵커리지 주변의 시추공 자료를 통한 지반 및 중력식 앵커리지의 모델링 방법을 제시하였다. 그밖에 지반-구조물 경계면 설정 방법과 하중 설정, 요소망(mesh) 생성 등에 관한 내용을 다룬다.

둘째, 지반의 초기응력 생성부터 케이블 하중 작용까지의 단계별 해석에 대한 방법과 검토사항을 다룬다.

마지막으로 해석 결과를 바탕으로 중력식 앵커리지의 안정성을 평가하는 방법을 제시하였다.

본 절에서는 3장에서 설명한 울산대교 앵커리지의 설계 검토 내용을 바탕으로 수치해석에 필요한 정보 위주로 설명한다. 그림4.6은 중력식 앵커리지 주변의 시추위치와 시추공 번호를 나타낸다. 그림4.6에서 ◑는 시추위치를 나타내고, ABB-16, ABB-17 등의 문자는 시추공 번호를 나타낸다. 각각의 시추공별 지층은

표 4.3과 같이 토사, 풍화암, 연암 순으로 구성되어 있고, 지반조사를 통해 결정된 지반물성은 표 4.4와 같으며 수치해석에 적용하였다.

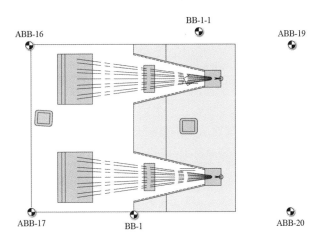

[그림 4.6] 울산대교에 시공된 중력식 앵커리지 주변 시추위치(울산대교의 설계서 재구성, ㈜유신코퍼레이션, 2009)

[표 4.3] 중력식 앵커리지 주변 시추위치별 지층정보(울산대교의 설계서 재구성, ㈜유신코퍼레이션, 2009) [단위 : m]

구분	ABB-16	BB1-1	ABB-19	ABB-17	BB-1	ABB-20
토사	(+)6.54~ (+)1.84	(+)7.83~ (+)3.80	(+)6.95~ (+)0.92	(+)5.79~ (−)0.39	(+)6.36~ (+)1.70	(+)7.76~ (+)0.00
풍화암	(+)1.84~ (−)1.46	(+)3.80~ (+)3.10	(+)0.92~ (+)0.62	(−)0.39~ (−)0.39	(+)1.70~ (−)1.70	(+)0.00~ (−)0.00
연암	(−)1.46~ (−)50.0	(+)3.10~ (−)50.0	(+)0.62~ (−)50.0	(−)0.39~ (−)50.0	(−)1.70~ (−)50.0	(−)0.00~ (−)50.0

[표 4.4] 중력식 앵커리지 주변 지반 물성(울산대교의 설계서 재구성, ㈜유신코퍼레이션, 2009)

구분	단위중량 (kN/㎥)	탄성계수 (kN/㎡)	포아송비	점착력 (kN/㎡)	내부마찰각 (°)	강도감소계수, R_{inter}
토사	18.0	20,000	0.35	10.0	30.0	0.67
풍화암	21.0	200,000	0.30	30.0	32.0	0.67
암반	22.0	1,101,000	0.25	200.0	33.0	0.67

4.2.2 안정성 검토 항목

그림4.7은 중력식 앵커리지의 시공 순서를 나타낸다. 중력식 앵커리지의 현장시공은 ① 자연 터파기, ② 앵커리지 구체시공, ③ 앵커블럭 시공 후 PC 강연선 긴장, ④ 벤트블럭 설치, ⑤ 주케이블 연결, ⑥ 케이블 가설 후 쉐드시공의 순서로 이루어 진다. 중력식 앵커리지의 전체계 안정성 검토에서는 앵커리지 구체에 대한 활동, 전도, 지지력을 다루기 때문에 그림4.7에 나타낸 고정용 프레임, PC 강연선, 강재동바리 등의 재료는 수치해석의 고려대상이 아니다. 따라서 수치해석은 ① 자연 터파기, ② 앵커리지 구체시공 및 되메움, ③ 케이블 하중 작용의 단계로 수행한다.

수치해석의 단계와 단계별 검토항목은 표4.5에 나타내었다. 자연 터파기 단계에서는 굴착사면의 안정성을 검토하고, 앵커리지 구체시공 단계에서는 앵커리지의 자중에 의한 연직지지력, 연직침하 및 부등침하 등을 확인한다. 또한, 케이블 하중 작용 단계에서 케이블 하중에 따른 앵커리지의 활동 및 전도의 안정성을 검토한다.

[표 4.5] 중력식 앵커리지 해석 단계

단계	구분	검토 항목
1	자연터파기	• 굴착사면의 안정성
2	앵커리지 구체 시공 및 되메움	• 앵커리지 자중에 의한 연직침하 및 부등침하
3	케이블 하중 작용	• 앵커리지의 활동 및 전도 안정성

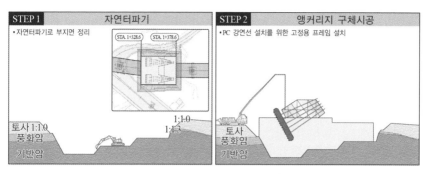

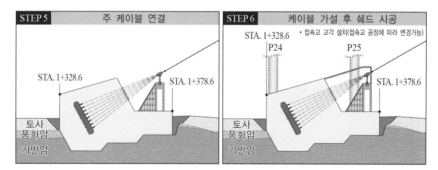

[그림 4.7] 중력식 앵커리지의 시공 순서

4.2.3 지반 모델링

지반을 모델링하기 전에 먼저 해석 영역을 설정해야 한다. 수평 및 수직 방향의 해석 영역은 앵커리지의 거동이 경계면에 영향을 받지 않는 범위로 설정한다. 본 예제에서는 매개변수 해석을 통해 해석 영역을 결정하였다. 앵커리지의 폭(B)을 기준으로 하여 케이블 하중이 작용하는 방향인 앵커리지 전면부 방향으로는 3B, 앵커리지 후면부 방향(x축)으로는 1B, 앵커리지의 밑면부 방향으로는 2B, 앵커리지의 측면부 방향에 대해서는 2B 만큼 앵커리지로부터 떨어지게 설정하였다. 해석 영역 결정을 위한 매개변수 해석 방법과 결과를 아래 해석 포인트에 정리하였다.

| 해석 포인트1
| 중력식 앵커리지 해석 영역 설정

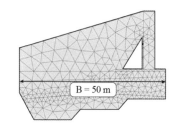

(a) 중력식 앵커리지

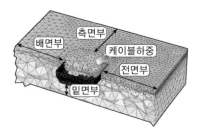

(b) 3차원 요소망

[그림 4.8] 해석 영역 결정을 위한 3차원 요소망

본 해석 포인트에서는 해석 영역 결정을 위한 매개변수 해석 결과를 위주로 설명하며, 수치해석을 위한 모델링 방법 및 입력물성과 관련된 내용은 4.2절 본문에 언급한 내용을 참조할 수 있다.

그림 4.9는 중력식 앵커리지의 해석 영역 범위에 따른 앵커리지 하중-수평 변위 곡선을 보여준다. 그림 4.9(a)와 같이 앵커리지 전면부 방향으로 해석 영역이 넓어짐에 따라 하중-수평 변위 곡선이 완만해지고, 특정 조건부터는 하중-수평변위 곡선이 일정함을 알 수 있다. 즉, 전면부 해석 영역이 약 3B(150m) 이상일 때 하중-수평변위곡선은 거의 일정하게 나타나고 있다. 이는 3B(150m) 이상일 경우 해석 영역이 해석결과에 영향을 미치지 않는 것을 의미하므로 앵커리지 전면부 해석 영역은 3B(150m)로 결정할 수 있다. 이와 동일하게 그림 4.9(b)~(c)를 살펴보면 특정한 조건에서부터는 하중-수평변위 곡선이 일정하게 되는 것을 알 수 있다. 수치해석 결과를 토대로 하중-수평변위 곡선이 일정하게 되는 조건을 해석 영역으로 설정할 수 있으며, 본 예제에서는 최종적으로 해석 영역을 전면부 3B, 배면부 1B, 밑면부 2B 및 측면부 2B로 결정했다.

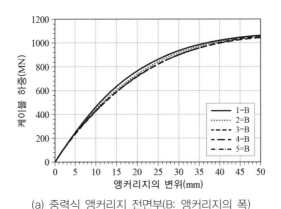

(a) 중력식 앵커리지 전면부(B: 앵커리지의 폭)

[그림 4.9] 해석 영역 조건에 따른 중력식 앵커리지 하중-변위 곡선

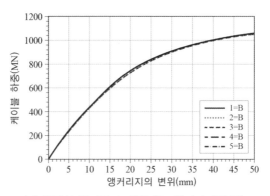

(b) 중력식 앵커리지 배면부(B: 앵커리지의 폭)

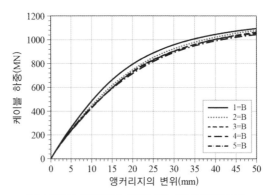

(c) 중력식 앵커리지 밑면부(B: 앵커리지의 폭)

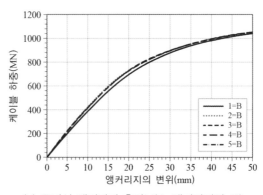

(d) 중력식 앵커리지 측면부(B: 앵커리지의 폭)

[그림 4.9] 해석 영역 조건에 따른 중력식 앵커리지 하중-변위 곡선(계속)

해석 영역 설정이 완료되면 4.2.1절에 나타낸 시추정보와 지반 물성을 이용하여 지반을 모델링 한다. 그림 4.10과 같이 시추공별 지층에 해당하는 위치와 초기 지하수위의 위치를 입력한다. Plaxis 3D 프로그램에서는 다수의 시추공을 동시에 모델링 할 수 있으며, 서로 다른 시추공 사이에는 자동적으로 선형 보간을 하여 지반을 모델링 한다. 그림 4.11은 3차원적 지층정보 입력 후 생성된 지반과 6개 지점의 시추위치를 나타낸다.

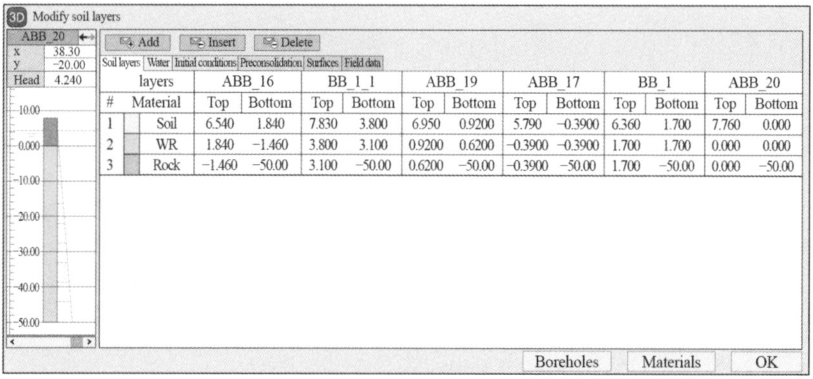

layers		ABB_16		BB_1_1		ABB_19		ABB_17		BB_1		ABB_20	
#	Material	Top	Bottom	Top	Bottom	Top	Bottom	Top	Bottom	Top	Bottom	Top	Bottom
1	Soil	6.540	1.840	7.830	3.800	6.950	0.9200	5.790	−0.3900	6.360	1.700	7.760	0.000
2	WR	1.840	−1.460	3.800	3.100	0.9200	0.6200	−0.3900	−0.3900	1.700	1.700	0.000	0.000
3	Rock	−1.460	−50.00	3.100	−50.00	0.6200	−50.00	−0.3900	−50.00	1.700	−50.00	0.000	−50.00

[그림 4.10] 지층정보를 Plaxis 3D 프로그램에서 입력하는 방법

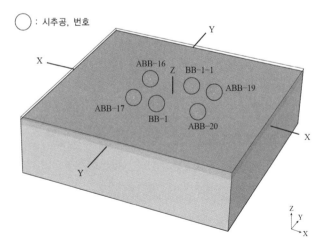

[그림 4.11] 지층정보를 입력하고 완성된 지반 모델링 모습

4.2.4 앵커리지 모델링

앵커리지 모델링 시 Plaxis 3D에서는 그림 4.12(a)와 같이 AutoCAD로 작성된 도면 파일로부터 앵커리지의 기하학적 형상을 불러와서 적용할 수 있다. 그리고 중력식 앵커리지 전체계의 안정성 검토에서는 앵커리지 구체에 대한 활동, 전도, 지지력을 주로 다루기 때문에 앵커리지의 모든 세부 구성요소를 고려한 모델링은 권장하지 않는다. 케이블 하중에 의한 중력식 앵커리지의 거시적인 거동을 살펴볼 수 있도록 그림 4.12(b)와 같이 앵커리지의 구체와 하중만을 고려한 모델링이 효율적이다. 또한, 중력식 앵커리지는 점하중에 의한 국부적 변형에 의한 파괴를 방지하고 케이블 하중에 의한 앵커리지 전체의 움직임이 용이하도록 강체(rigid body)로 설정하여 모델링 한다. 그림 4.13은 앵커리지 구체의 모델링 예시를 나타낸다. 앵커리지 구체를 솔리드(soild)요소로 기하학적 형상을 모델링 한 후 강체 요소로 정의하였다.

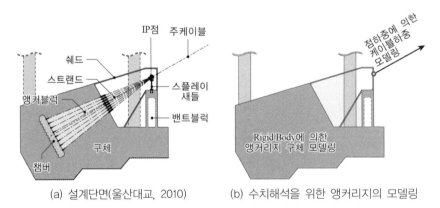

(a) 설계단면(울산대교, 2010)   (b) 수치해석을 위한 앵커리지의 모델링

[그림 4.12] 중력식 앵커리지를 모델링하는 방안

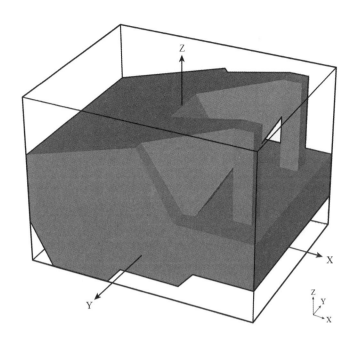

(a) 캐드(cad)도면으로부터 불러온 앵커리지의 모습

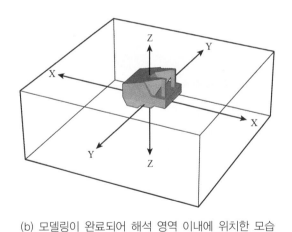

(b) 모델링이 완료되어 해석 영역 이내에 위치한 모습

[**그림 4.13**] Plaxis 3D 프로그램에서 중력식 앵커리지의 모델링 방법

4.2.5 굴착 및 되메움 모델링

그림 4.14와 같이 Plaxis 3D에서는 요소의 비활성화(요소제거) 또는 활성화(요소생성) 기능을 통해 간편하게 굴착과 되메움 과정을 모사할 수 있다. 비활성화 기능으로 굴착단면을 생성하고, 활성화를 통해 되메움단면을 굴착단면 주변으로 생성한다. 표4.6은 되메움토의 물성을 나타낸다.

울산대교 중력식앵커리지의 굴착바닥면은 계단식 형태로 시공하였기 때문에 본 해석에서도 동일하게 계단식형태로 굴착바닥면을 형성하였다. 굴착사면의 안정성 검토 시 지하수위는 굴착바닥면에 대한 침투해석을 통해 결정되어야 하며, 이때의 침투해석은 그림 4.15와 같이 굴착 바닥면 최하단부 단면에 배수경계조건(수두경계조건, Head)을 적용하여 계산한다. 굴착바닥면 표고는 EL(-)7.284m이고 지반의 지하수위는 EL(+)4.24m이다. 이와 같이 원지반과 굴착단면의 수위차가 발생하면, 이 수위차이에 의해 지반 내의 침투흐름이 발생하므로 굴착에 의한 지하수위 저하가 발생한다.

[표 4.6] 되메움토 입력 물성

구분	단위중량 (kN/㎥)	탄성계수 (kN/㎡)	포아송비	점착력 (kN/㎡)	내부마찰각 (°)	강도감소계수, R_{inter}
되메움토	19.0	20,000	0.3	0	30.0	0.67

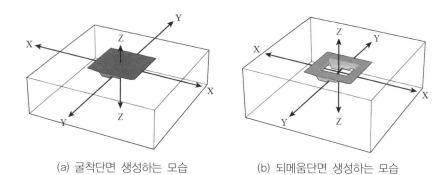

(a) 굴착단면 생성하는 모습   (b) 되메움단면 생성하는 모습

[그림 4.14] 굴착 및 되메움을 모델링하는 방법

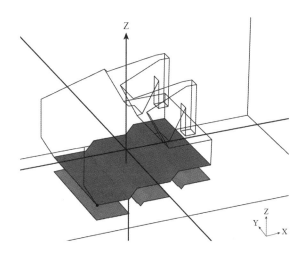

[그림 4.15] 굴착 바닥면 최하단부 단면에 대해 수두경계조건을 적용하는 모습(연한 회색으로 표현된 단면에 적용)

4.2.6 지반-구조물 경계면 모델링

중력식 앵커리지와 기초지반의 접촉면에는 4.1절의 일반사항에 나타낸 것과 같이 경계면 요소를 적용하여야 한다. 그림 4.16과 같이 접촉면(바닥면, 측면부, 배면부, 전면부)에 대하여 경계모델을 적용하였다.

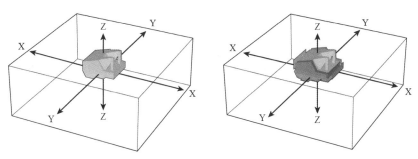

(a) 경계면 요소 적용 전의 앵커리지 모습   (b) 경계면 요소 적용 후의 앵커리지 모습

[그림 4.16] 지반-구조물 경계면 요소를 중력식 앵커리지 주변에 설정하는 모습

4.2.7 하중 모델링

(1) 작용하중

중력식 앵커리지 해석에서 앵커리지 구체에 작용하는 케이블 하중은 절점하중으로 설정한다. 그림 4.17은 각각 중력식 앵커리지 구체에 절점하중을 적용한 상태와 절점하중이 연직 및 수평분력으로 나뉘어 안정한 상태를 나타낸다. 울산대교 중력식 앵커리지에 작용하는 케이블의 상시 하중은 271,278kN이며, 벤트 블럭당 약 135,600kN의 하중이 작용한다. 이때 울산대교의 케이블 경사각(29°)을 고려하면 수평 및 연직분력은 각각 118,600kN, 65,760kN이 된다.

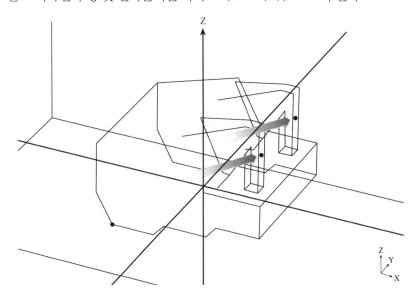

[그림 4.17] 중력식 앵커리지 구조물에 점하중(케이블하중)을 모델링한 모습

(2) 지지력 검토를 위한 굴착면 변위경계조건

수치해석 시 외력에 대한 저항력을 구하기 위해서 하중을 적용하는 방법과 변위를 적용하는 방법이 있다. 본 해석에서는 일정 수준의 변위를 적용하여 연직지지력을 산정하는 방법을 적용하였다. 지반파괴가 예상 될 정도의 연직변위를 적

용하면, 지반의 연직변위에 따른 연직하중을 얻을 수 있게 된다. 산정된 연직하중에 앵커리지 면적(40×50m)을 나누어 주면 연직변위에 따른 앵커지지의 기초지반의 응력을 산정할 수 있다. 이때 극한상태 기초지반의 응력에 안전율 3을 나누어주면 허용지지력 평가가 가능하다.

그림 4.18는 연직지지력검토를 위하여 앵커리지 기초 바닥면에 변위경계조건을 설정한 모습을 나타낸다.

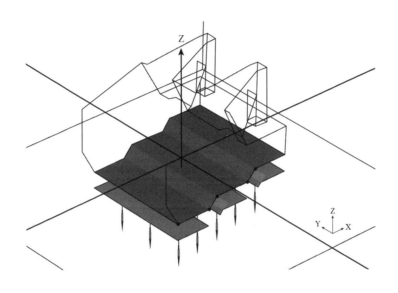

[그림 4.18] 연직지지력검토를 위한 앵커리지 기초 바닥면에 변위경계조건을 설정한 모습

4.2.8 유한요소망(mesh)

요소의 크기와 수는 해석의 정확성과 해석시간을 결정하는 중요한 항목이다. 요소의 크기가 작고 수가 많을수록 해석의 결과는 정해에 근접하지만, 많은 시간이 소요되고 비용이 증가하기 때문에 적절한 요소 크기와 수를 결정하는 것이 중요하다. 본 예제에서는 지반 및 앵커리지 거동에 큰 영향을 미치는 앵커리지와 지반 경계면 부분에 대해서는 요소망을 조밀하게 설정하여 정확성을 확보하였

고, 해석 영역 외곽으로 갈수록 요소망을 점점 느슨하게 설정하여 효율적으로 해석할 수 있도록 하였다. 그림 4.19는 전체 3D 유한요소망을 나타낸다.

[**그림 4.19**] 모든 모델링이 완성된 3차원 유한요소망 모습

4.2.9 해석 단계

수치해석 단계는 ① 초기응력 생성, ② 지반굴착, ③ 중력식 앵커리지 설치, ④ 되메움, ⑤ 케이블 하중 작용의 5단계로 구분된다. 지반굴착 단계(②)에서 중력식 앵커리지 설치 단계(③)로 넘어가기 전에 굴착 후 사면의 안정성을 검토하고, 지반의 허용 지지력을 평가하는 해석을 추가 수행한다. 케이블 하중 작용 단계(⑤)에서 하중은 케이블 설계하중과 극한하중으로 나누어 적용한다.

초기응력 생성 단계에서는 지층이 평행한 조건이 아니기 때문에 4.1.5절에 설명한 Gravity 방법을 통해 초기응력을 설정한다. 그림 4.20은 설정된 초기응력의 등고선(contour)을 나타내며, 깊이에 따라 연직초기응력이 증가하는 것을 확인할 수 있다.

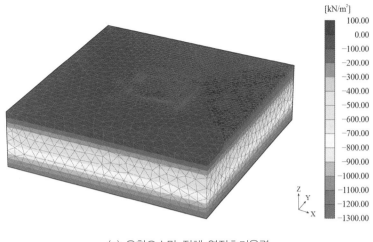

[kN/m²]
100.00
0.00
-100.00
-200.00
-300.00
-400.00
-500.00
-600.00
-700.00
-800.00
-900.00
-1000.00
-1100.00
-1200.00
-1300.00

(a) 유한요소망 전체 연직초기응력

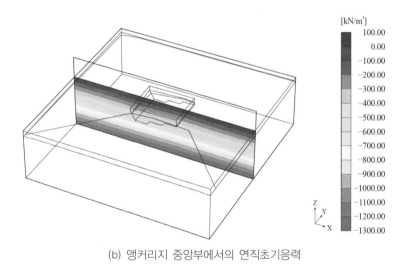

[kN/m²]
100.00
0.00
-100.00
-200.00
-300.00
-400.00
-500.00
-600.00
-700.00
-800.00
-900.00
-1000.00
-1100.00
-1200.00
-1300.00

(b) 앵커리지 중앙부에서의 연직초기응력

[그림 4.20] 지반의 초기응력이 적용된 응력 등고선(Contour)

초기응력을 생성 후 지반굴착을 수행한다. 굴착면의 요소를 비활성화하여 지반굴착 단계를 모사할 수 있다. 굴착단계 모사 후 굴착지반의 사면안정검토를 위한 해석단계를 수행한다. 굴착지반의 사면안전율은 4.1.7절에 나타낸 강도감소법을 통해 산정할 수 있다. 사면안정검토를 위한 해석단계에서는 굴착에 의한 영항만 고려하여 사면안전율을 산정해야 한다. 따라서 초기응력생성(Initial Phase) 단계에서 지반굴착(단계 1-1)단계로 이어지는 응력의 영향을 유지하면서 굴착으로 인한 변위를 초기화하여 3차원 공간상에서 굴착지반의 사면안전율을 산정하도록 한다.

[표 4.7] 중력식 앵커리지 해석단계

해석단계		해석단계		특징
0		Initial 단계	초기응력 생성	• Gravity 방법에 의한 초기응력 설정
1	1	단계 1-1	굴착면 지반 비활성화	• 배수경계조건활성화 → 침투해석 • 지하수위 : 침투해석결과를 반영한 지하수위
	2	단계 1-2	굴착 후 사면안정검토	• 강도감소법에 의한 굴착사면 안정성 검토 • 지하수위 : 침투해석결과를 반영한 지하수위
	3	단계 1-3	허용연직지지력 평가	• 앵커리지 기초면 변위경계조건 활성화
2		단계 2	중력식 앵커리지 설치	• 앵커리지 설치 시 연직침하 및 부등침하 검토
3		단계 3	구조물 되메움	–
4	1	단계 4-1	케이블 설계하중 적용	• 케이블 하중에 의한 수평변위 검토 • 케이블 하중에 의한 전도 및 활동 안정성 검토
	2	단계 4-2	케이블 극한하중 적용	• 극한 케이블하중에 의한 극한활동저항력 검토

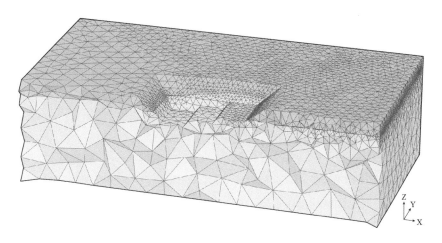

[그림 4.21] 지반 굴착을 모사하기 위해 굴착되는 지반을 나타낸 모습

사면안정검토 해석단계 이후에는 다시 굴착단계 완료 시점으로 돌아가서 이후 해석단계에는 영향을 미치지 않게 단계를 설정해야 한다.

기초지반의 허용지지력을 평가하기 위해 일정 수준의 연직변위를 발생시키는 변위경계조건을 활성화한다. 이를 통해 연직침하에 따른 기초지반의 연직응력을 평가할 수 있다. 연직침하-연직응력 곡선을 통해 기초지반의 극한 지지력을 산정할 수 있고, 극한 지지력에 대해 안전율3을 적용하여 허용지지력을 평가할 수 있다.

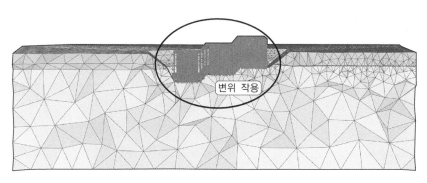

[그림 4.22] 변위로 외력을 적용할 때의 변위경계조건

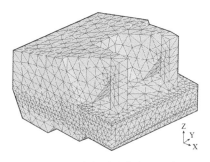 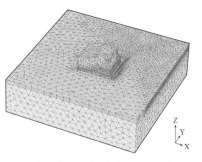

(a) 중력식 앵커리지 요소망   (b) 앵커리지 설치 후 요소망

[그림 4.23] 굴착된 지반에 중력식 앵커리지를 설치

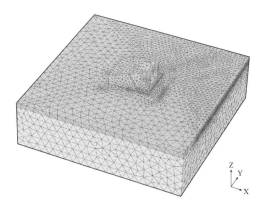

[그림 4.24] 중력식 앵커리지와 지반 사이의 빈 공간을 되메움토 활성화한 모습

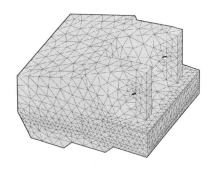 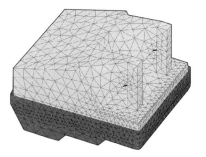

(a) 앵커리지 구체에 점하중이 모델링된   (b) 지반과 앵커리지 접촉면에
       모습   경계면요소를 적용한 모습

[그림 4.25] 하중 및 경계면 요소를 활성화한 모습

다음 단계에서는 중력식 앵커리지를 활성화 후 앵커리지 주변 되메움토를 활성화한다. 그림 4.24는 중력식 앵커리지와 주변 되메움토가 활성화 된 유한요소 망을 보여주고 있다. 마지막으로 중력식 앵커리지에 설계하중과 극한하중을 적용한다. 극한하중은 주변지반이 충분히 파괴될 정도의 하중이다. 극한하중을 적용하는 이유는 지반파괴 시까지의 하중-변위곡선을 산정하여 중력식 앵커리지 수평(활동)방향의 극한지지력, 항복지지력, 허용지지력 및 허용수평 변위를 산정하기 위함이다. 설계하중을 적용하는 이유는 설계하중 적용 시 앵커리지의 수평변위를 산정하기 위함이다. 하중 적용 시에는 반드시 중력식 앵커리지 주변에서의 경계면을 활성화해야 한다.

4.3 중력식 앵커리지 수치해석 결과분석

4.3.1 안정성 평가 기준

중력식 앵커리지의 장기안정성 확보를 위해 연직방향 안정성(지지력 및 침하)과 수평방향 안정성(수평지지력 및 수평변위), 굴착사면 안정성이 확보되어야 한다. 안정성 검토기준은 설계기준을 참고하여 아래와 같이 결정할 수 있다.

(1) 연직방향 안정성 및 전도안정성 검토

연직지반반력은 허용연직지지력보다 작아야 하며, 허용연직지지력은 극한 연직지지력을 안전율로 나누어 계산한다. 이 때 안전율은 상시에는 3, 지진 시에는 2를 적용한다. 구조물 하중에 의한 침하량은 허용연직침하량보다 작아야하며, 허용연직침하량은 구조물기초설계기준 해설(2009)에 따라 25.0mm를 기준 값으로 하였다. 전도안정성은 케이블 하중 작용 시 앵커리지가 압축침하를 유지하는지 여부로 판단한다.

(2) 수평방향 안정성

수평하중은 허용수평지지력보다 작아야 한다. 이 때, 허용수평지지력은 수치해석에 의한 극한수평하중을 의미하며, 수평하중은 케이블 하중의 수평분력을 적용한다. 케이블 설계하중에 의한 수평변위는 허용수편변위보다 작아야 한다. 이 때, 허용수평변위는 수치해석을 통해 산정된 케이블하중-수평변위 곡선에서 탄성영역 내 수평변위를 말한다.

(3) 굴착시 굴착사면의 안정성 검토

굴착사면의 최소안전율은 1.1로 한다. 굴착사면 안정성 검토 시 굴착배면 지반의 간극수압을 고려하기 위해 정상류해석을 수행한다. 또한 수치해석을 통해 3차원 공간상에서 사면안전율이 취약한 위치를 사전에 파악하여 시공 시 안전관리에 활용할 수 있다.

4.3.2 지지력 안정성 검토

(1) 연직지지력 안정성 검토

앵커리지 기초지반의 허용연직지지력 평가를 위해 굴착면에 변위경계조건을 설정하였으며, 변위증가에 따른 연직응력을 평가하였다. 그림4.26(a)는 최대 4.0m까지의 연직변위을 작용시켰을 때 변위 등고선 해석결과를 나타낸다. 굴착 바닥면의 연직변위가 4.0m로 나타나는 것을 확인하였다. 그림 4.26(b)는 중력식 앵커리지의 연직응력-연직침하 곡선을 나타낸다. 파괴 시 응력이 $30,000\,kN/m^2$ 으로 평가되었고, 안전율 3으로 나누면 허용지지력은 $10,000\,kN/m^2$ 이 된다. 이 허용지지력은 설계하중 $876\,kN/m^2$ 보다 크게 나타나 앵커리지의 연직지지력의 안정성을 확인할 수 있다.

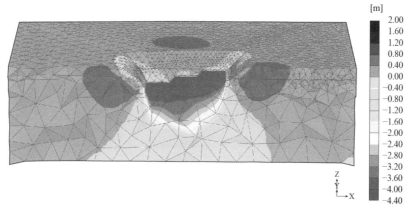

(a) 앵커리지 기초 바닥면 연직침하에 대한 등고선(최대 연직변위 4.0m 적용)

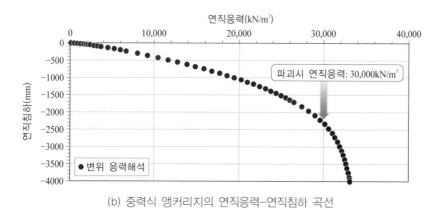

(b) 중력식 앵커리지의 연직응력-연직침하 곡선

[그림 4.26] 변위제어 해석에 의한 중력식 앵커리지의 허용지지력의 평가

(2) 연직침하, 부등침하 및 전도 안정성 검토

연직침하 및 부등침하에 대한 안정성은 앵커리지 시공 직후와 케이블하중 작용 시에도 확인되어야 한다. 그림 4.27은 앵커리지 설치 후 및 케이블하중 작용 후 앵커리지 구조물의 연직침하 등고선, 연직침하 및 부등침하 안정성 검토결과를 보여주고 있다.

최대연직침하 발생위치는 앵커리지 시공 직후에는 뒷굽 측에서 11.17mm로 발생하고 있으며, 케이블 하중 작용 시에는 전면부에서 8.774mm로 나타나고 있다. 이는 앵커리지 시공직후에는 앵커리지 자중에 의한 침하가 지배적이며, 케이블 하중 작용 시에는 케이블 하중에 의한 침하가 지배적이기 때문이다. 최대침하는 11.17mm으로 허용연직침하량인 25.4mm보다 작게 발생하므로 연직침하 안정성을 확인하였다.

앵커리지 시공직후 부등각변위는 0.08×10^{-3} 이며, 케이블 하중 작용 시 부등각변위는 0.04×10^{-3} 으로 평가되었다. 부등침하는 케이블 하중으로 인해 오히려 안정화 되었다. 최대부등각 변위는 0.08×10^{-3} 으로 허용부등각변위(2.0×10^{-3}, 구조물기초설계기준 해설, 2009)보다 작게 나타나 부등침하에 대한 앵커리지의 안정성을 확인 할 수 있었다. 또한 케이블하중 작용 시에도 앵커리지 기초지반은 항상 압축상태를 유지하고 있으므로 전도에 안정하다고 판단할 수 있다.

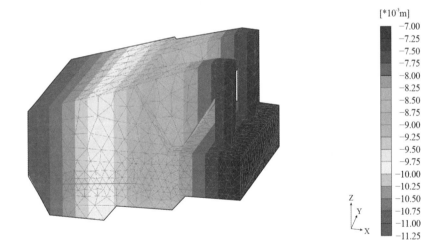

$[*10^{-3}\text{m}]$

연직침하 11.17mm 〈 25.0mm   안정
부등각변위 0.08×10^{-3} 〈 2.0×10^{-3} 안정
전   도   압축침하상태유지   안정
(a) 앵커리지 설치 직후의 연직침하 등고선

[그림 4.27] 설계하중 작용 시 중력식 앵커리지의 연직침하 검토

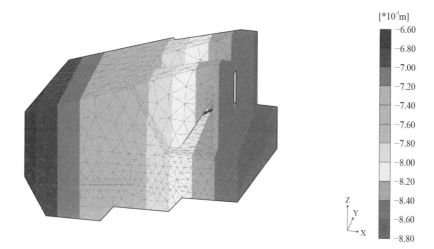

$[*10^{-3}m]$

-6.60
-6.80
-7.00
-7.20
-7.40
-7.60
-7.80
-8.00
-8.20
-8.40
-8.60
-8.80

연직침하 8.774mm 〈 25.0mm   안정
부등각변위 0.08×10^{-3} 〈 2.0×10^{-3} 안정
전   도   압축침하상태유지   안정
(b) 케이블 설계 하중 작용 후의 연직침하 등고선

[그림 4.27] 설계하중 작용 시 중력식 앵커리지의 연직침하 검토(계속)

4.3.3 활동 안정성 검토

(1) 극한하중상태에서의 중력식 앵커리지 활동거동특성 평가

수평방향 지지력의 안정성을 검토하기 위해서는 극한하중상태에서의 하중-변위거동 특성 분석이 필요하다. 극한하중상태에서의 하중-변위곡선에서 극한수평지지력을 산정할 수 있으며, 산정된 극한수평지지력을 케이블하중으로 나누어 수평지지력(활동)에 대한 안전율을 산정할 수 있다.

그림 4.28은 극한하중상태에서의 중력식 앵커리지의 요소망의 변형(deformed mesh)과 앵커리지의 변위 등고선, 변위 벡터를 보여주고 있다. 앵커리지 뒷면, 측면에서는 앵커리지 활동저항이 발생하지 않고, 앵커리지 바닥면과 전면부에서 활동저항력이 주로 발생하고 있음을 알 수 있다. 따라서 앵커리지의 활동저항력은 굴착바닥면과 전면부에서 지배적으로 발현되는 것을 알 수 있다.

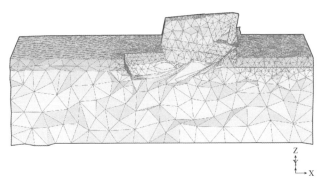

(a) 변형된 요소망(deformed mesh)의 정면도

(b) 변위 등고선의 정면도

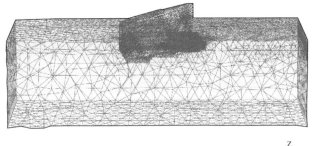

(c) 변위 벡터(vector)의 정면도

[그림 4.28] 극한하중상태에서의 앵커리지의 활동거동특성 평가

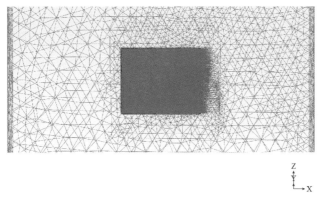

$$\begin{array}{c} z \\ \uparrow \\ \llcorner \rightarrow x \end{array}$$

(d) 변위 등고선의 평면도

[그림 4.28] 극한하중상태에서의 앵커리지의 활동거동특성 평가(계속)

(2) 수평방향(활동) 지지력 및 수평변위 안정성 검토

그림 4.29는 극한하중 작용 시 중력식 앵커리지의 활동저항력과 수평변위를 나타내는 곡선과 설계케이블하중을 표시한 것이다. 실선은 앵커리지에 극한하중 작용 시 수평변위에 따른 앵커리지의 활동저항력이며, 점선은 앵커리지에 설계 케이블하중에 따른 수평변위 곡선이다. 그림 4.29로부터 활동에 대한 극한하중 (파괴하중) 즉 중력식 앵커리지의 극한지지력은 1,000,000kN으로 평가되었고, 중력식 앵커리지의 항복지지력(탄성과 소성 경계)은 700,000kN으로 산정되었다. 또한 탄성영역이내의 수평변위 즉 허용수평변위는 14mm로 검토되었다.

산정된 활동안전율은 3.69로 나타나 최소 활동안전율 2.0보다 크게 나타났으며, 수평방향 활동지지력은 안정한 수준으로 평가되었다. 또한 설계하중 271,278kN 작용 시 중력식 앵커리지의 수평변위는 4.4mm로 나타났고, 이는 허용 수평변위 기준 14mm보다 작게 나타나 수평변위는 안정한 수준으로 확인되었다.

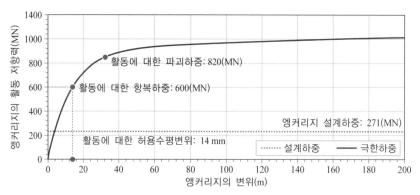

- 활동안전율 = 1,00,000(kN) / 271,278(kN) = 3.69 〉 최소 활동안전율 2.0
- 수평변위 = 4.4mm 〈 허용수평변위 14mm

[**그림 4.29**] 설계하중 작용 시 앵커리지의 활동 안정성 평가

4.3.4 굴착에 따른 안정성 검토

지하수위보다 낮은 지반을 굴착할 경우 간극수압변화를 고려하기 위하여 지반굴착과 동시에 침투해석을 수행해야 하며, 침투해석 결과가 반영된 상태에서 굴착지반의 안정성 검토를 실시하여야 한다.

그림 4.30은 지하수위보다 낮은 지반을 굴착한 경우 지중 내 간극수압변화를 보여주고 있다. 굴착면 내 간극수압변화를 분석할 수 있도록 3차원 유한요소망 중앙부가 보이도록 하였다. 굴착전후 지중 내 간극수압 변화가 발생하고 있음을 알 수 있다.

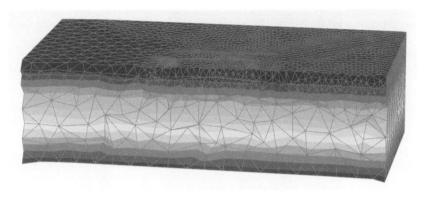

(a) 굴착 전 지중 내 간극수압

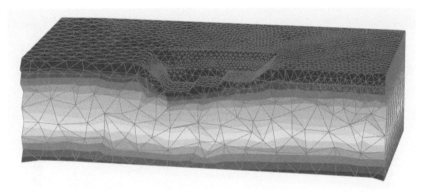

(b) 굴착 후 지중 내 간극수압

[그림 4.30] 굴착전후 지중 내 간극수압 등고선(Contour)

그림 4.31은 지반굴착으로 인한 3차원 변위 등고선을 보여주고 있다. 굴착으로 인한 최대변위는 중력식 앵커리지 전면부에서 발생하고 있으며, 최대변위는 약 10mm 정도로 발생하고 있음을 알 수 있다.

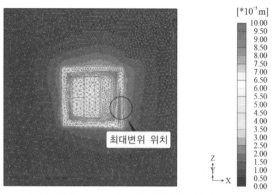

(a) 굴착으로 인한 지반의 변위 등고선의 평면도

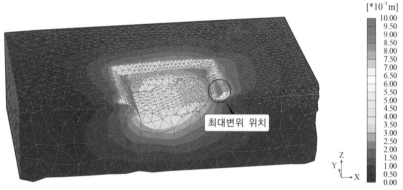

(b) 굴착으로 인한 지반의 변위 등고선의 정면도

[그림 4.31] 지반굴착으로 인한 최대변위 발생위치 및 크기

그림 4.32은 지반굴착 시 강도감소법에 의한 굴착사면의 안정성 검토결과를 나타낸다. 그림 4.32(a)는 사면파괴 발생 시 요소망의 변형(deformed mesh)을 나타내고, 그림 4.32(b)는 최소안전율 발생 위치를 보여준다. 또한, 그림 4.32(c)는 예상활동면 깊이, 그림 4.32(d)는 최소안전율 크기를 평가할 수 있다. 지반굴착 시 최소안전율 발생 위치는 앵커리지 전면부 아래 측으로 판단되며, 이때의 안전율은 1.562로 최소안전율기준(F_{smin}=1.1)보다 크게 나타났다. 이에 따라 굴착 중 지반붕괴의 가능성은 없는 것으로 확인되지만 굴착 중 전면부 굴착사면의 안전 관리는 필요할 것으로 판단된다.

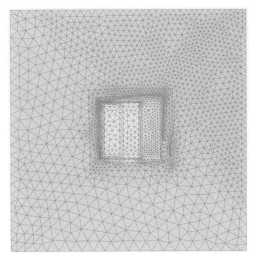

(a) 굴착에 의한 변형된 요소망(deformed mesh)

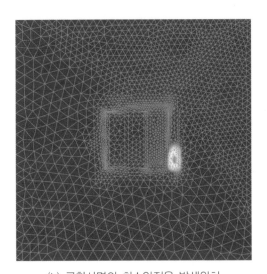

(b) 굴착사면의 최소안전율 발생위치

[그림 4.32] 전단 강도감소법에 의한 굴착사면의 안정성 검토

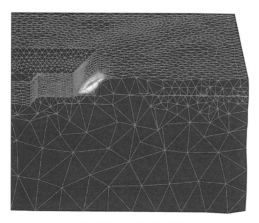

(c) 굴착 사면의 예상활동면 깊이

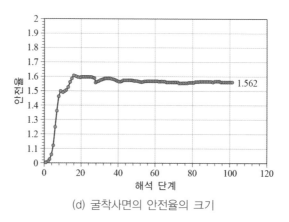

(d) 굴착사면의 안전율의 크기

[그림 4.32] 전단 강도감소법에 의한 굴착사면의 안정성 검토(계속)

4.4 터널식 앵커리지 수치해석 예제

4.4.1 해석 대상

본 수치해석 예제에서는 울산대교의 터널식 앵커리지를 대상으로 한다. 울산 대교 터널식 앵커리지 시공 당시 인접 지반에 대해 총 6공의 시추조사가 시행되었 고, 지층은 토사, 풍화암, 암반으로 구성되어있다(표 4.8). 해당 시추정보를 기반으 로 산정된 지반 물성은 표 4.9에 나타내었고, 이 값을 수치해석에 활용하였다.

[표 4.8] 터널식 앵커리지 주변 시추위치와 지층정보(울산대교의 설계서 재구성, ㈜유신 코퍼레이션, 2009)

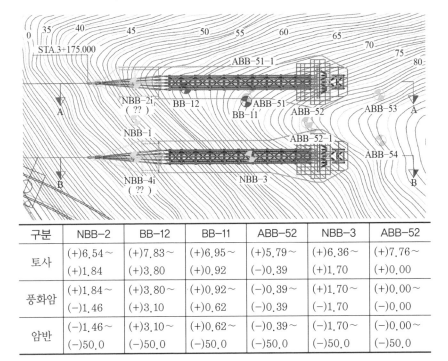

구분	NBB-2	BB-12	BB-11	ABB-52	NBB-3	ABB-52
토사	(+)6.54~ (+)1.84	(+)7.83~ (+)3.80	(+)6.95~ (+)0.92	(+)5.79~ (-)0.39	(+)6.36~ (+)1.70	(+)7.76~ (+)0.00
풍화암	(+)1.84~ (-)1.46	(+)3.80~ (+)3.10	(+)0.92~ (+)0.62	(-)0.39~ (-)0.39	(+)1.70~ (-)1.70	(+)0.00~ (-)0.00
암반	(-)1.46~ (-)50.0	(+)3.10~ (-)50.0	(+)0.62~ (-)50.0	(-)0.39~ (-)50.0	(-)1.70~ (-)50.0	(-)0.00~ (-)50.0

[표 4.9] 터널식 앵커리지 주변 지반 물성

구분	단위중량 (kN/㎥)	탄성계수 (kN/㎡)	포아송비	점착력 (kN/㎡)	내부마찰각 (°)	R_{inter}
토사	18.0	20,000	0.35	10	30	0.67
풍화암	21.0	200,000	0.30	30.0	32.0	0.67
암반	22.0	1,101,000	0.25	200.0	33.0	0.67

4.4.2 안정성 검토 항목

(1) 안정성 검토 사항

터널식 앵커리지는 지반 내에 경사터널을 형성하여 그 내부에 강재와 콘크리트를 채워서 현수교 케이블 하중에 대해 저항하는 구조물로, 터널식 앵커리지 형상에 따라 저항 메커니즘이 달라진다. 터널식 앵커리지의 형상은 일반적으로 암반 내에서 단면을 확대시켜 지반의 전단저항을 발현하는 앵커헤드방식과 터널 끝부분에 비교적 완만한 경사면을 가진 형상으로 쐐기효과를 기대하는 웨지(wedge)방식으로 분류된다.

터널식 앵커리지는 현수교 케이블하중에 저항하는 구조물로, 케이블 하중에 대한 수평방향 안정성을 확보하여 설계되어야 한다. 또한 연직방향 안정성은 연직지지력 및 연직침하에 대해서, 수평방향 안정성은 활동 및 수평변위에 대해 안정하도록 설계되어야 하며, 설계 후 앵커리지의 안정성은 수치해석을 통해 검토해야 한다.

(2) 터널식 앵커리지 시공 순서에 따른 안정성 검토 항목

터널식 앵커리지의 시공 순서는 그림 4.33과 같으며, 크게 갱구부 비탈면 형성, 굴착단계별 터널굴착 및 숏크리트/RockBolt 설치, 터널 내부 콘크리트 채움, 벤트블럭 기초시공, 주케이블 연결의 순서로 수행된다. 수치해석 시에도 시공 순서에 따라 갱구부 비탈면의 안정성, 굴착단계별 터널의 연직변위/필러/숏크리트/RockBolt의 안정성, 케이블 하중작용 시 앵커리지의 인발저항 안정성을 검토해야 한다.

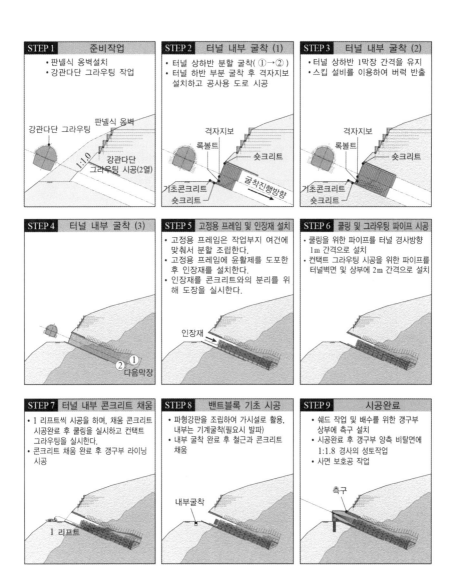

[그림 4.33] 터널식 앵커리지의 시공 순서

4.4.3 지반 모델링

일반적으로 터널식 앵커리지는 산지에 시공되는 경우가 많다. 수치해석에서 불규칙한 산지 지형을 정확하게 모델링하기 어려우므로 이 경우 수치해석 상용 프로그램에서 지원하는 AutoCAD를 활용하여 모델링하는 기능을 이용하면 보다 쉽게 지형을 모델링 할 수 있다. 본 수치해석 예제에서는 AutoCAD를 활용하여 지반을 모델링 하였다. 그림 4.34는 수치해석 프로그램에서 AutoCAD 지원 기능을 이용하여 지형의 유한요소망을 구성하는 과정을 나타낸다. CAD 지형 파일을 Plaxis 3D프로그램에서 불러온 뒤 지층정보를 입력하면 그림 4.35와 같이 3차원 지반 모델링을 완성할 수 있다.

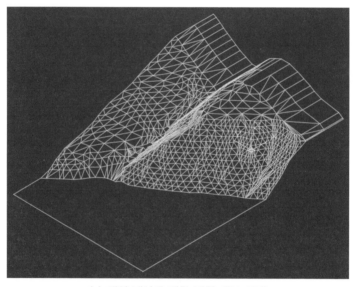

(a) 해석 대상에 대한 지형 캐드 도면

[그림 4.34] 캐드 지형 파일을 이용한 지반 모델링 방법

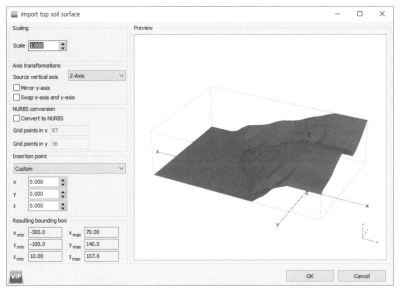

(b) 캐드(cad)도면으로부터 불러온 앵커리지의 모습

[그림 4.34] 캐드 지형 파일을 이용한 지반 모델링 방법(계속)

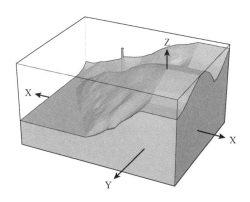

[그림 4.35] 지층정보를 입력하고 완성된 지반 모델링 모습

해석 포인트2
터널식 앵커리지 해석 영역 설정

적절한 해석 영역에 따른 영향을 평가하기 위하여 터널식 앵커리지 전면, 앵커리지 배면, 앵커리지 밑면 및 앵커리지 하중방향과 평행한 측면부 영역을 달리하여 수치해석을 수행한다.

해석 영역 범위는 터널식 앵커리지의 직경(D=10m)을 기준으로 앵커리지의 배면부, 측면부, 밑면부는 1~10D로, 전면부는 1~8D로 설정하였다.

그림 4.36은 터널식 앵커리지의 해석 영역에 따른 앵커리지 하중-수평변위 곡선을 보여주고 있다. 그림 4.36(a)에서 보는 바와 같이 하중재하 초기에는 전면부 해석 영역이 작을수록 곡선의 기울기가 급하게 나타나고 있으며, 해석 영역이 증가할수록 곡선을 기울기는 완만하게 변하고 있다. 즉 전면부 해석 영역이 약 6D(60m) 이상일 때 하중-수평변위곡선은 거의 일정하게 나타나고 있다. 그리고 곡선 변곡점 이후부터는 해석 영역에 관계없이 거의 일정하게 나타났다. 이는 6D(60m) 이상일 경우 해석 영역이 해석결과에 영향을 미치지 않는 것을 의미하므로 앵커리지 전면부 해석 영역은 6D(60m)로 적용할 수 있다. 동일하게 그림 4.36(b)~(d)을 살펴보면 특정한 조건에서부터는 하중-수평변위 곡선이 일정하게 되는 것을 알 수 있다. 수치해석 결과를 토대로 하중-수평변위 곡선이 일정하게 되는 조건을 해석 영역으로 설정할 수 있으며, 본 예제에서 터널식 앵커리지 수치해석 범위는 전면부 6D, 배면부 6D, 밑면부 5D 및 측면부 5D로 적용할 수 있다.

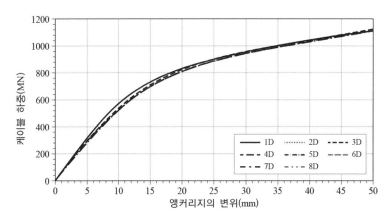

(a) 앵커리지 구체: 선형탄성모델, 하중: 점하중

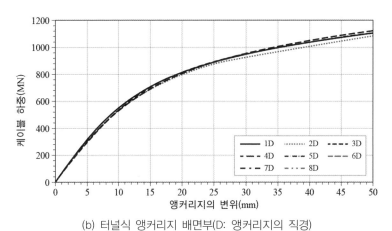

(b) 터널식 앵커리지 배면부(D: 앵커리지의 직경)

[그림 4.36] 해석 영역 조건에 따른 앵커리지 하중–변위 곡선

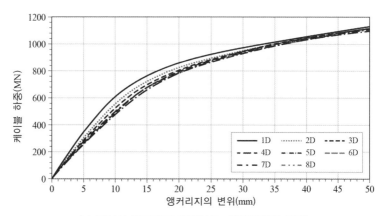

(c) 터널식 앵커리지 밑면부(D: 앵커리지의 직경)

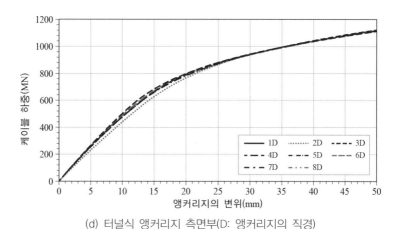

(d) 터널식 앵커리지 측면부(D: 앵커리지의 직경)

[그림 4.36] 해석 영역 조건에 따른 앵커리지 하중-변위 곡선(계속)

4.4.4 앵커리지 모델링

(1) 터널식 앵커리지 구체

터널식 앵커리지는 케이블하중에 의해 터널식 앵커리지의 움직임이 발생하며, 이로 인해 주변 암반지반의 움직임과 동시에 저항력이 발생되도록 모델링해야 한다. 즉, 케이블하중이 터널식 앵커리지 구체를 통해 주변 지반에 충분히 전달되도록 모델링해야 한다.

먼저 최적의 터널식 앵커리지 구체의 모델링을 위하여 극한인발하중 작용 시 모델링 방법에 따라 해석 결과를 비교하여 가장 효율적인 방법을 제시한다. 그림 4.38는 다양한 터널식 앵커리지 수치해석 모델링 방법을 보여주고 있다. (a)와 (b)는 앵커리지 구체를 선형탄성모델로 적용하였고 (c)와 (d)는 강체(rigid body)모델을 적용하였다. 여기서 강체 모델은 앵커리지 구체 내부의 변위가 나타나지 않도록 하는 것이다. 그리고 (a)와 (c)는 앵커리지 구체 상단에 케이블하중을 점하중으로 모델링하였고, (b)와 (d)는 정착판 부근에 케이블하중을 면하중으로 모델링하였다.

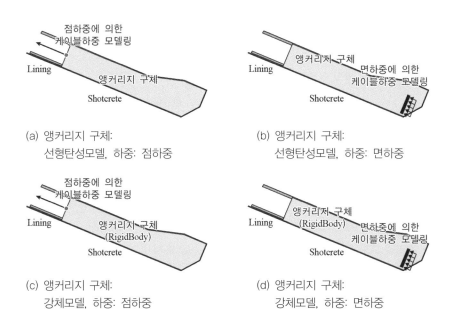

(a) 앵커리지 구체:
　　선형탄성모델, 하중: 점하중

(b) 앵커리지 구체:
　　선형탄성모델, 하중: 면하중

(c) 앵커리지 구체:
　　강체모델, 하중: 점하중

(d) 앵커리지 구체:
　　강체모델, 하중: 면하중

[그림 4.37] 터널식 앵커리지와 하중을 모델링 하는 방법

그림 4.38은 터널식 앵커리지 수치해석 모델링 방법별 하중-수평변위 곡선을 보여주고 있다. 강체모델+점하중 방법, 강체모델+면하중 방법 및 선형탄성모델 +면하중 방법으로 모델링한 경우 하중-수평변위 곡선이 동일하게 나타났다. 하지만 선형탄성모델+면하중 방법으로 평가된 하중-수평변위 곡선은 다른 방법에 비해 곡선초기부분에서 수평변위는 크고 하중은 작게 평가되었다. 이는 하중이 작용하는 부분에서 앵커리지 변위가 크게 발생하기 때문이다.

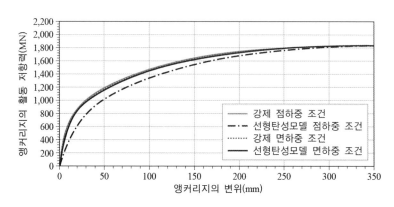

[**그림 4.38**] 터널식 앵커리지와 하중의 모델링 방법별 하중-수평변위 곡선

그림 4.39는 케이블하중에 의한 터널식 앵커리지의 변형 등고선을 보여주고 있다. 그림 4.39(c), (d)는 케이블하중작용에 의한 앵커리지 내 변형은 없으며, (b)에서의 변형은 무시할 만큼 작고, (a)는 비교적 큰 변형이 나타나고 있음을 확인할 수 있다. 그림 4.40은 케이블하중에 의한 터널식 앵커리지의 전단변형 등고선을 보여주고 있다. 그림 4.40(c), (d)는 케이블하중작용에 의한 앵커리지 내부 전단변형은 없으며, (b)에서의 전단변형은 무시할 만큼 작고, (a)는 비교적 큰 변형이 나타나고 있음을 확인할 수 있다. 따라서 본서에서는 터널식 앵커리지 구체를 선형탄성으로 모델링하고 면하중으로 케이블하중을 모사하였다.

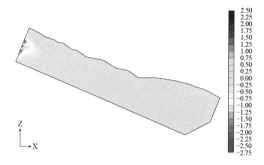

(a) 앵커리지 구체: 선형탄성모델, 하중: 점하중

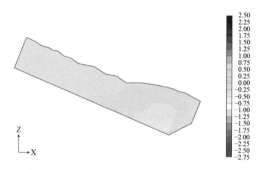

(b) 앵커리지 구체: 선형탄성모델, 하중: 면하중

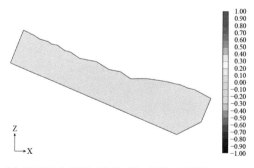

(c) 앵커리지 구체: 강체모델, 하중: 점하중

[그림 4.39] 터널식 앵커리지와 하중의 모델링 방법별 변형 등고선

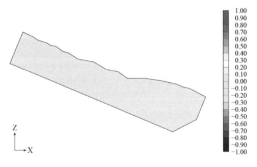

(d) 앵커리지 구체: 강체모델, 하중: 면하중

[그림 4.39] 터널식 앵커리지와 하중의 모델링 방법별 변형 등고선(계속)

(a) 앵커리지 구체: 선형탄성모델, 하중: 점하중

(b) 앵커리지 구체: 선형탄성모델, 하중: 면하중

[그림 4.40] 터널식 앵커리지와 하중의 모델링 방법별 전단변형 등고선

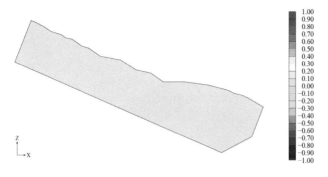

(c) 앵커리지 구체: 강체모델, 하중: 점하중

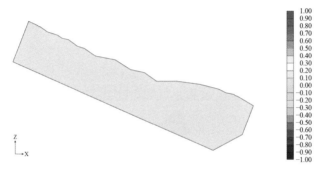

(d) 앵커리지 구체: 강체모델, 하중: 면하중

[그림 4.40] 터널식 앵커리지와 하중의 모델링 방법별 전단변형 등고선(계속)

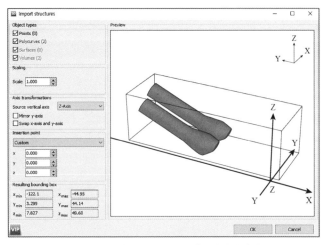

(a) 캐드(cad)도면으로부터 불러온 앵커리지의 모습

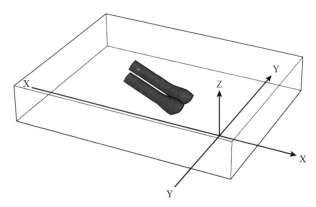

(b) 모델링이 완료되어 해석 영역 이내에 위치한 모습

[그림 4.41] Plaxis 3D 프로그램에서 터널식 앵커리지의 모델링 방법

(2) 라이닝, 숏크리트 및 경계면

터널식 앵커리지 주변에 라이닝 및 숏크리트가 시공되기 때문에 이에 대한 모델링이 필요하다. 터널식 앵커리지 상단 부분의 라이닝은 그림 4.42(a)와 같이 플레이트(plate)요소로 모델링 하고, 그림 4.42(b)와 같이 터널식 앵커리지의 전체면에 대하여 플레이트(plate)요소를 적용하여 숏크리트를 모델링한다. 그리고 숏크

리트와 라이닝은 지반면과 접하기 때문에 경계면 요소를 적용한다.

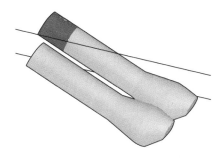

(a) 앵커리지 상단 부분의 라이닝을 모델링하기 위한 플레이트(plate)요소 적용

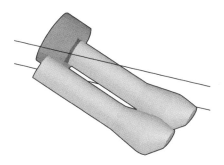

(b) 라이닝 주변 경계면 요소 형성

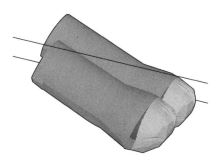

(c) 앵커리지 전체면의 숏크리틀 모델링하기 위한 플레이트 요소 적용 및 경계면요소 형성

[그림 4.42] 터널식 앵커리지 주변에서 라이닝, 숏크리트 및 경계면 요소를 모델링하는
　　　　　 방법

(3) 락볼트 설치

터널식 앵커리지에서는 굴착 시 터널 안정성을 확보하기 위해 보강재 락볼트 (rockbolt)가 필요하다. 경사진 터널의 락볼트는 터널경계면의 노드(node)와 락볼트의 노드(node)가 정확히 일치해야 해석 시 발생하는 오류를 최소화할 수 있다. 그림 4.43는 터널식 앵커리지 주변의 락볼트를 모델링하기 전과 락볼트를 모델링 한 후의 모습을 나타낸다.

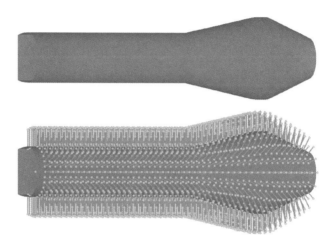

[그림 4.43] 터널식 앵커리지 주변에서 락볼트를 모델링한 모습(상: 락볼트 설치 전, 하: 락볼트 설치 후)

4.4.5 비탈면 굴착 및 보강재 모델링

터널식 앵커리지는 산지에 주로 시공되기 때문에 터널식 앵커리지 모델링하기 위해서는 원 지형을 깎아 굴착비탈면을 모델링하여야 한다. 모델링 방법은 굴착할 비탈면을 만든 후, 굴착할 깊이만큼 분할한다. 그림 4.44(a)는 비탈면을 깊이 별로 분할한 모델링 모습을 나타내며, 그림 4.44(b)는 비탈면의 숏크리트를 플레이트 요소로 적용한 모습을 나타낸다.

굴착 비탈면은 산지에 급경사지로 형성되어 있고, 원 지형을 깎을 경우 비탈면 안정성을 확보하기 위해 어스앵커(earth anchor), 쏘일 네일링(soil nailing, 락볼트 (rockbolt) 및 숏크리트(shotcrete)로 보강한다. 이에 따라 수치해석 예제에서도 이 러한 보강재를 모두 모델링하였다.

그림 4.45(a)의 타이 어스앵커는 자유장과 정착장으로 구성되어 있는데, Plaxis 3D 프로그램에서는 자유장은 스프링(spring) 요소로 모델링하고 정착장은 Embedded Beam요소로 모델링한다. 그리고 그림 4.45(b), (c)와 같이 쏘일 네일링 과 락볼트는 Embedded Beam요소로 모델링하였고, 숏크리트는 플레이트(plate) 요소로 모델링하였다. 그림 4.45(d)은 터널식 앵커리지 주변의 비탈면 및 보강재 에 대한 모델링이 완료된 모습을 나타낸다.

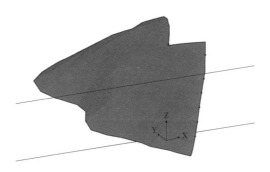

(a) 굴착단면 생성

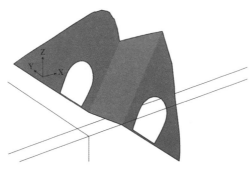

(b) 비탈면 숏크리트 모델링

[**그림 4.44**] 터널식 앵커리지 주변에서 굴착 및 보강재 모델링 방법

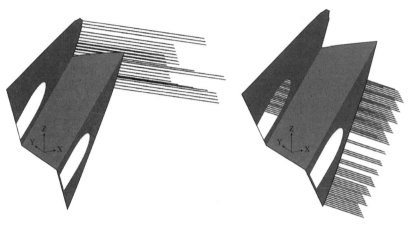

(a) 어스앵커를 모델링한 모습　　　　　(b) 쏘일네일링을 모델링한 모습

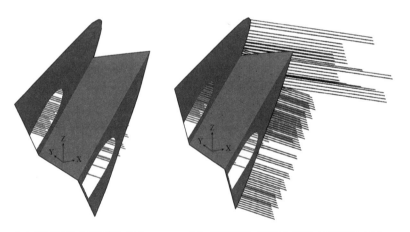

(c) 락볼트를 모델링한 모습　　　　(d) 모델링이 완료된 전체 보강재의 모습

[그림 4.45] 터널식 앵커리지 주변에서 비탈면 및 보강재 모델링 방법

4.4.6 하중 모델링

터널식 앵커리지에서의 케이블하중은 면하중으로 적용한다. 면하중은 앵커리지 정착판을 플레이트(plate) 요소로 모델링한다. 정착판과 앵커리지 구체 사이에는 경계면요소를 적용한다.

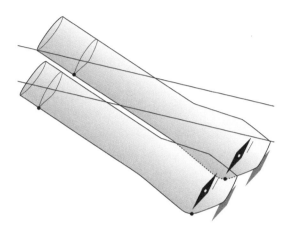

[그림 4.46] 터널식 앵커리지에 작용하는 하중을 모델링하는 방법

4.4.7 유한요소망(mesh)

요소의 크기와 수는 해석의 정확성과 해석시간을 결정하는 항목이다. 요소 크기가 작을수록 그 수가 많을수록 해석의 결과는 정해에 근접하지만 많은 시간이 소요되어 비용이 증가하기 때문에 적절한 요소 크기와 수를 결정하는 것이 중요하다. 본 예제에서는 지반 및 앵커리지 거동에 큰 영향을 미치는 앵커리지와 지반의 경계면 부분에 대해서는 요소망을 조밀하게 설정하여 정확성을 확보하였다. 해석 영역의 외곽으로 갈수록 요소망을 점점 느슨하게 설정하여 효율적인 해석이 가능하도록 하였다. 그림 4.47은 전체 3D 유한요소망을 나타낸다.

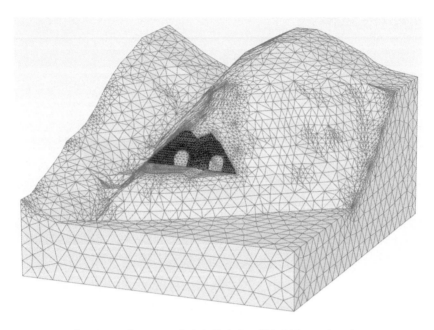

[그림 4.47] 모든 모델링이 완성된 3차원 유한요소망 모습

4.4.8 해석 단계

터널식 앵커리지의 수치해석 단계는 ①초기응력 생성, ② 비탈면 굴착 및 보강, ③ 터널 굴착, ④ 터널식 앵커리지 활성화, ⑤ 케이블 설계하중 적용의 5단계로 구분된다. 그리고 비탈면 굴착 및 보강 단계에서는 사면 안정성 검토를 수행해야 하고, 마지막 케이블 하중 작용 단계에서는 케이블 극한하중 작용 시 하중-수평변위 관계를 통해 인발 안정성을 검토해야 한다. 표 4.10은 터널식 앵커리지 해석 단계를 나타낸다.

[표 4.10] 터널식 앵커리지 해석단계

해석단계		해석단계	특징
0	Initial 단계	초기응력 생성	• Gravity 방법에 의한 초기응력 설정
1	1 단계 1-1	비탈면 굴착 및 보강	• 단계별 지반굴착 • 단계별 지반보강재 활성화 Shotcrete, Earth Anchor, Soil Nailing Rock Bolt
	2 단계 1-2	굴착 후 사면안정 검토	• 강도감소법에 의한 굴착사면 안정성 검토
2	단계 2	터널굴착	• Shotcrete, 라이닝, Rock Bolt 활성화
3	단계 3	터널식 앵커리지 설치	–
4	1 단계 4-1	케이블 설계하중 적용	• 케이블 하중에 의한 수평변위 검토 • 케이블하중에 의한 전도 및 활동 안정성 검토
	2 단계 4-2	케이블 극한하중 적용	• 극한 케이블하중에 의한 극한활동저항력 검토

초기 단계에서는 Gravity 방법에 의한 초기응력을 설정하였다. 초기응력 설정
후 비탈면 굴착 및 보강 단계를 적용한다. 비탈면 굴착 및 보강 단계 완료 후 비탈
면 보강공법의 적정성을 확인하기 위한 사면안정 해석을 수행한다. 사면안전율
산정방법은 강도 감소법에 의해 안전율이 산정된다. 비탈면 안정성 검토를 위한
해석단계에서는 굴착에 의한 영향만 고려하여 안전율을 산정한다. 따라서, 초기
응력 산정 단계에서 비탈면 굴착단계로 이어지는 응력의 영향을 유지하면서 굴
착으로 인한 변위를 초기화하여 3차원 공간상에서 보강 비탈면의 사면안전율을
산정하도록 한다. 사면안정검토 해석단계 이후에는 다시 굴착단계 완료 시점으
로 돌아가서 이후 해석단계에 영향을 미치지 않도록 설정해야 한다.

[kN/m²]

	200.00
	0.00
	−200.00
	−400.00
	−600.00
	−800.00
	−1000.00
	−1200.00
	−1400.00
	−1600.00
	−1800.00
	−2000.00
	−2200.00
	−2400.00
	−2600.00

(a) 유한요소망 전체 연직초기응력

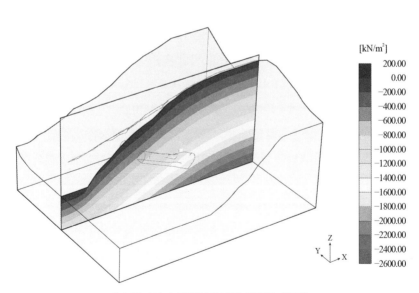

(b) 앵커리지 중앙부에서의 연직초기응력

[그림 4.48] 지반의 초기응력이 적용된 응력 등고선

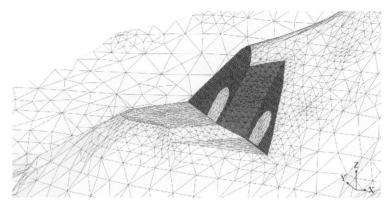

[그림 4.49] 비탈면 굴착을 위하여 굴착 지반을 비활성화한 3차원 유한요소망

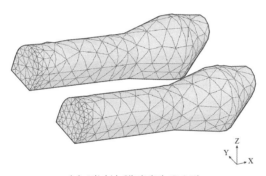

(a) 터널식 앵커리지 요소망

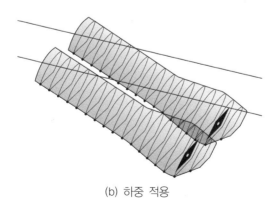

(b) 하중 적용

[그림 4.50] 터널식 앵커리지의 설치 및 하중을 적용하는 방법

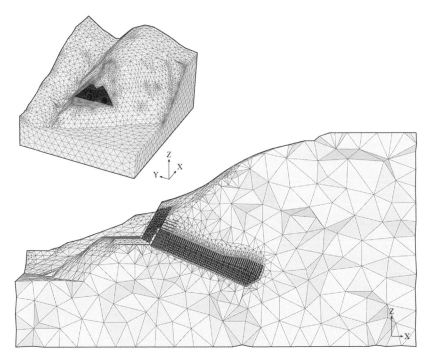

[그림 4.51] 터널식 앵커리지의 설치가 완료된 3차원 유한요소망

터널식 앵커리지를 설치하기 위하여 터널을 형성해야 한다. 본 예제에서는 터널굴착 시공단계는 총 18단계로 나누어 진행하였고, 터널시공은 굴착뿐만 아니라 숏크리트 및 락볼트도 동시에 모델링하였다. 1단 굴착에는 굴착만 이루어진다. 2단 굴착 시에는 2단 굴착과 1단 락볼트가 시공된다. 3단 굴착 시에는 3단 굴착, 2단 락볼트, 1단 soft shotcrete가 시공된다. 4단 굴착 시에는 4단 굴착, 3단 락볼트, 2단 soft shotcrete 및 1단 hard shotcrete가 시공된다. 5단 굴착 시에는 5단 굴착, 4단 락볼트, 3단 soft shotcrete 및 2단 hard shotcrete가 시공된다. 이렇게 총 18단계의 과정을 걸쳐 최종 터널식 앵커리지 설치가 완료된다. 이러한 터널 굴착 및 보강 시공 단계는 표4.11과 같다. 터널 시공 및 보강 단계가 완료된 후 터널식 앵커리지를 설치한다. 그리고 정착판에 인발 케이블하중을 면하중 형태로 작용시켜 해석 단계를 마무리 한다.

[표 4.11] 터널 굴착 및 보강시공을 위한 해석단계

No	굴착단계	단계별 Activity
1	1단 굴착	1단 굴착
2	2단 굴착	2단 굴착 + 1단 락볼트
3	3단 굴착	3단 굴착 + 2단 락볼트 + 1단 Soft Shotcrete
4	4단 굴착	4단 굴착 + 3단 락볼트 + 2단 Soft Shotcrete + 1단 Hard Shotcrete
5	5단 굴착	5단 굴착 + 4단 락볼트 + 3단 Soft Shotcrete + 2단 Hard Shotcrete
6	6단 굴착	6단 굴착 + 5단 락볼트 + 4단 Soft Shotcrete + 3단 Hard Shotcrete
7	7단 굴착	7단 굴착 + 6단 락볼트 + 5단 Soft Shotcrete + 4단 Hard Shotcrete
8	8단 굴착	8단 굴착 + 7단 락볼트 + 6단 Soft Shotcrete + 5단 Hard Shotcrete
9	9단 굴착	9단 굴착 + 8단 락볼트 + 7단 Soft Shotcrete + 6단 Hard Shotcrete
10	10단 굴착	10단 굴착 + 9단 락볼트 + 8단 Soft Shotcrete + 7단 Hard Shotcrete
11	11단 굴착	11단 굴착 + 10단 락볼트 + 9단 Soft Shotcrete + 8단 Hard Shotcrete
12	12단 굴착	12단 굴착 + 11단 락볼트 + 10단 Soft Shotcrete + 9단 Hard Shotcrete
13	13단 굴착	13단 굴착 + 12단 락볼트 + 11단 Soft Shotcrete + 10단 Hard Shotcrete
14	14단 굴착	14단 굴착 + 13단 락볼트 + 12단 Soft Shotcrete + 11단 Hard Shotcrete
15	15단 굴착	15단 굴착 + 14단 락볼트 + 13단 Soft Shotcrete + 12단 Hard Shotcrete
16	16단 굴착	16단 굴착 + 15단 락볼트 + 14단 Soft Shotcrete + 13단 Hard Shotcrete
17	17단 굴착	17단 굴착 + 16단 락볼트 + 15단 Soft Shotcrete + 14단 Hard Shotcrete
18	18단 굴착	18단 굴착 + 17단 락볼트 + 16단 Soft Shotcrete + 15단 Hard Shotcrete
19	–	18단 락볼트 + 17단 Soft Shotcrete + 16단 Hard Shotcrete
20	–	18단 Soft Shotcrete + 17단 Hard Shotcrete
21		18단 Hard Shotcrete

4.5 수치해석 결과분석

4.5.1 안정성 평가 기준

터널식 앵커리지의 장기안정성 확보를 위해 수평방향 안정성(수평지지력 및 수평변위)이 확보되어야 하고 굴착사면 안정성이 확보되어야 한다. 이를 위해 안정성 검토기준은 설계기준을 참고하여 다음과 같이 결정하였다.

(1) 수평방향 안정성

수평하중은 허용수평지지력보다 작아야 한다. 이때 허용수평지지력은 수치해석에서 의한 극한수평하중을 의미하고, 수평하중은 케이블하중의 수평분력으로 산정된다. 그리고 케이블 설계하중에 의한 수평변위는 허용수평변위보다 작아야 한다. 허용수평변위는 수치해석을 통해 산정된 케이블하중-수평변위 곡선에서 탄성영역 내의 수평변위를 말한다.

(2) 굴착 시 굴착사면의 안정성 검토

굴착 시 굴착사면의 최소안전율은 1.5로 하며, 수치해석을 통해 3차원 공간상에서 사면안전율이 취약한 위치를 파악하여 시공 시 안전관리에 활용할 수 있다.

4.5.2 활동 안정성 검토

(1) 극한하중상태에서의 터널식 앵커리지의 활동거동 특성 평가

수평방향 지지력 안정성 검토를 위해서는 극한하중상태에서의 하중-변위거동 특성 분석이 필요하다. 극한하중상태에서 산정된 하중-변위곡선에서 극한수평지지력을 평가할 수 있다. 또한 수평지지력(활동)에 대한 안전율은 산정된 극한수평지지력을 케이블하중으로 나누어 계산된다.

그림 4.52는 극한하중상태에서 터널식 앵커리지의 요소망의 변형(deformed mesh)과 앵커리지의 변위 등고선, 변위 벡터를 나타낸다. 앵커리지 뒷면에서는 앵커리지 활동저항은 발생하지는 않고, 앵커리지 측면, 바닥면에서 활동저항력은 발생하고 있음을 알 수 있다. 특히, 터널식 앵커리지 사이에서 활동저항력이 매우 크게 작용하는 것을 알 수 있다.

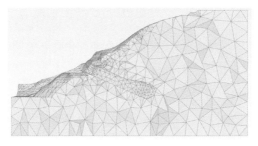

(a) 변형된 요소망(deformed mesh)의 정면도

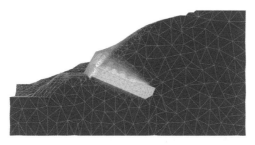

(b) 변위 등고선의 정면도

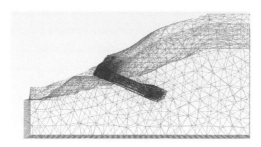

(c) 변위 벡터(vector)의 정면도

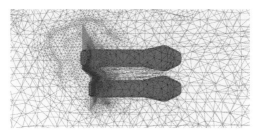

(d) 변위 등고선의 평면도

[그림 4.52] 극한하중상태에서의 터널식 앵커리지의 활동거동 특성 평가

(2) 수평방향(활동) 지지력 및 수평변위 안정성 검토

그림 4.53은 터널식 앵커리지에 극한하중이 작용했을 때 앵커리지 활동저항력-수평변위곡선과 설계케이블하중을 표시한 것이다. 실선은 앵커리지에 극한하중 작용 시 수평변위에 따른 앵커리지의 활동저항력이며, 점선은 앵커리지에 설계케이블하중에 따른 수평변위 곡선이다. 수치해석에 의해 산정된 그림 4.53으로부터 활동에 대한 극한하중(파괴하중) 즉 터널식 앵커리지의 극한지지력은 1,800,000kN으로 평가되었고, 터널식 앵커리지의 항복지지력(탄성과 소성 경계)은 6,200,000kN으로 산정되었다. 또한 탄성영역이내의 수평변위 즉 허용수평변위는 13mm로 검토되었다.

그림 4.53 곡선으로부터 산정된 활동안전율은 13.9로 나타났으며, 최소 활동안전율(2.0)보다 크게 나타나 수평방향(활동) 지지력은 안정한 것으로 평가되었다. 또한 설계하중 129,000kN 작용 시 터널식 앵커리지의 수평변위는 2.2mm로 나타나 허용수평변위 기준인 13mm보다 작게 나타나 수평방향 변위는 안정한 것으로 확인되었다.

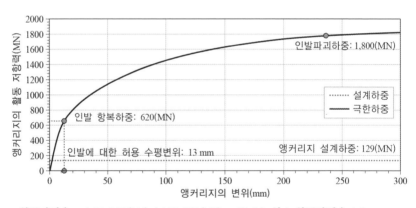

- 활동안전율 = 1,80,000(kN) / 129,000(kN) = 13.9 〉 최소 활동안전율 2.0
- 수평변위 = 2.2mm 〈 허용수평변위 13mm

[그림 4.53] 설계하중 작용 시 터널식 앵커리지의 활동 안정성 평가

4.5.3 굴착에 따른 안정성 검토

그림 4.54는 비탈면 형성으로 인해 생성된 3차원 변위 등고선(contour)을 보여주고 있다. 4.54(a), (b)는 각각 비탈면 형성으로 인한 지반의 변위 등고선의 평면도와 정면도를 나타낸다. 비탈면 형성으로 인한 최대변위 발생위치는 비탈면 중앙 배면에서 발생하고 있으며, 최대변위는 약 23mm 정도로 발생하고 있음을 알 수 있다.

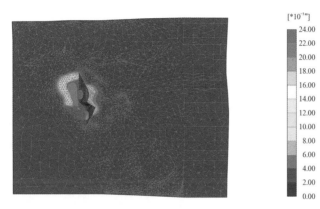

(a) 굴착으로 인한 지반의 변위 등고선의 평면도

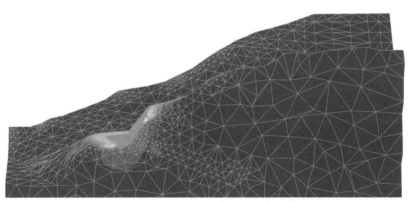

(b) 굴착으로 인한 지반의 변위 등고선의 정면도

[그림 4.54] 지반굴착으로 인한 최대변위 발생위치 및 크기

그림 4.55는 지반굴착 시 강도감소법에 의한 굴착사면의 안정성 검토결과를 보여주고 있다. 그림 4.55(a)는 사면파괴 발생 시 요소망의 변형(deformed mesh), 그림 4.55(b)는 최소안전율 발생위치를 나타낸다. 또한, 그림 4.55(c)는 예상활동면 깊이, 그림 4.55(d)는 최소안전율 크기를 평가할 수 있다. 지반굴착 시 최소안전율 발생위치는 비탈면 좌측상단으로 분석되었으며, 이때의 안전율은 1.660으로 최소안전율기준($F_{s\,min}$=1.5)보다 크게 나타났다. 이에 따라 비탈면 형성 후 사면붕괴가능성은 없는 것으로 평가되었으나, 영구 비탈면의 안전관리는 필요할 것으로 판단된다.

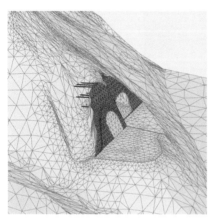

(a) 변형된 요소망(deformed mesh)

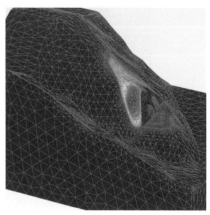

(b) 최소안전율 발생위치

(c) 예상활동면 깊이

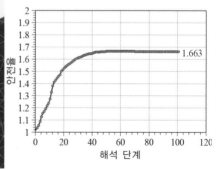

(d) 최소안전율의 크기

[그림 4.55] 강도감소법에 의한 굴착사면의 안정성 검토

해석 포인트3
터널식 앵커리지의 간편 모델링

　4.4절 터널식 앵커리지 수치해석 예제를 통하여 터널식 앵커리지의 상세한 모델링 방법과 결과 분석 방법에 대하여 설명하였다. 그러나 복잡한 지형의 모델링, 비탈면 굴착 및 사면보강, 사면안정성 검토, 터널 굴착, 앵커리지 시공 등 예제에 사용한 모델링 방법은 복잡하고 해석 단계가 번거로운 단점이 있다. 본 해석포인트에서는 터널식 앵커리지 모델링 방법을 정확도 높고 보다 간편한 모델링 방법을 기술하고자 한다.

　표4.12는 터널식 앵커리지 간편 모델링 수치해석 단계를 보여주고 있다. 간편 모델링은 인발하중 작용 시 터널식 앵커리지의 하중-수평변위만 산정하기 위한 것이다. 그러므로 초기응력생성, 터널굴착/라이닝활성화, 터널식 앵커리지 활성화, 인발하중적용 순서로 해석단계를 설정하였다. 그리고 그림 4.57은 시공단계별 유한요소망을 보여준다.

[표 4.12] 터널식 앵커리지의 간편 모델링 해석단계

	해석단계	해석단계	특징
0	Initial Phase	초기응력 생성	• 굴착 비탈면 형성 • Gravity 방법에 의한 초기응력 설정
1	Phase_1	터널굴착	• 라이닝 활성화
2	Phase_2	터널식 앵커리지 설치	–
3	Phase_3	케이블 설계하중 적용	• 케이블 하중에 의한 수평변위 검토 • 케이블하중에 의한 전도 및 활동 안정성 검토
4	Phase_4	케이블 극한하중 적용	• 극한 케이블하중에 의한 극한활동저항력 검토

　(a) 초기응력 생성　　　(b) 터널굴착 및 라이닝 형성

[그림 4.56] 터널식 앵커리지의 간편모델링을 위한 해석 단계

(c) 앵커리지 활성화   (d) 케이블 인발하중 활성화

[그림 4.56] 터널식 앵커리지의 간편모델링을 위한 해석 단계(계속)

그림 4.57은 기존 해석방법과 간편 해석방법에 따른 터널식 앵커리지의 하중-수평변위 곡선을 나타낸다. 여기서 기존방법(Original method)은 상세한 모델링 방법이며, 간편방법(Simple method)은 기존방법을 단순화한 모델링 방법이다. 그림 4.57에서 수평변위가 150mm일 때까지는 모델링 방법에 관계없이 하중-수평변위곡선은 거의 일치함을 알 수 있다. 따라서 일정 수준 이하의 변위에서는 간편 모델링 방법을 이용하는 것이 보다 효율적임을 알 수 있다.

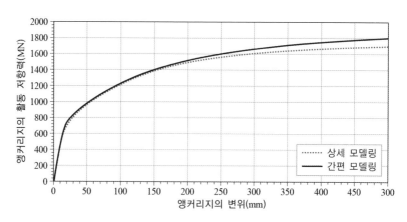

[그림 4.57] 모델링 방법별 터널식 앵커리지 하중~수평변위 곡선

맺음말

　앵커리지는 현수교의 중요한 구조물인 만큼 실무에서 주의 깊게 다루어야 할 설계 대상이다. 앵커리지를 지반공학적 관점에서 정교하고 합리적으로 설계하기 위해서는 현수교에서 앵커리지의 기능 및 역할뿐만 아니라 케이블을 붙잡고 있는 지지 메커니즘, 이를 정확하게 분석할 수 있는 다양한 기법들, 그리고 안정성과 경제성을 동시에 충족시킬 수 있는 최적화된 설계 방법에 대한 이해가 필요하다.

　현수교의 주경간 길이가 날로 증가하면서 각 구조요소의 치수도 커지게 되었다. 앵커리지의 규모 또한 점차 증가하게 되는데, 이에 따라 설계에서는 지질과 부지 특성, 앵커리지 형태, 지반과의 거동 특성, 시공 절차 등 고려해야할 사항도 늘어나게 된다. 이러한 것들은 실무에서 본질적으로 당면하는 문제이다. 실무에서 이러한 문제들을 인식하고 적절하게 설계할 수 있도록 가이드를 주는 노력들이 이 책에 담겨 있다. 국내에서 현수교 앵커리지의 설계 방법에 대한 서적은 이책이 유일하지만, 설계 실무자를 대상으로 집필되었기 때문에 지반공학 이론을 포함한 모든 내용을 다루기에는 역부족이었다. 또한, 이 책에서는 중력식과 터널식 앵커리지를 중점적으로 다루고 있어 지중정착식 앵커리지에 대한 내용은 참고도서 중「현수교 앵커리지 지반설계 가이드라인」을 참고하기 바란다.

　앞으로 현수교 앵커리지는 안전을 확보하는 것 이상으로 경제성, 효율성 등을 고려한 합리적인 측면에서 설계되어야 한다. 이 책에는 앵커리지 설계에 관한 전체 프로세스와 함께 과거 설계 사례 및 저자의 연구를 바탕으로 앵커리지를 합리적으로 설계하기 위한 최신 연구 성과가 포함되어 있다. 중력식 앵커리지 설계에 대해서는 암반과 콘크리트 사이의 마찰계수 영향, 기초 저면의 등가활동면 영향, 수동저항 분석, 앵커리지의 기하학적 특성 분석에 대한 주요 연구결과를 활용할 수 있도록 하였다. 터널식 앵커리지 설계에 대해서는 앵커리지 기하학적 특성 분석, 주면 암반의 절리 영향에 따른 거동 분석 내용을 담았다. 이 외에도 앵커리지의 안정성을 평가할 때 보다 정확하고 효율적인 수치해석 방법을 자세히 기술하여 실무에 바로 활용할 수 있을 것으로 기대한다.

현수교 앵커리지에 대해 아직도 연구가 필요한 부분이 존재한다. 이 책에서 다루었던 앵커리지 거동에 대한 다양한 모형실험과 수치해석적 연구 내용은 이상적이거나 제한된 조건에서 수행된 것으로 기반암에 불규칙적으로 존재하는 절리 특성이 모두 고려되지는 않았다. 이 책에서는 앵커리지 주변 암반의 절리 영향에 대해 정성적으로 다루고 있으나, 실제 설계에 반영하기에는 한계가 있을 수 있다. 따라서 암반의 절리 특성에 따른 터널식 앵커리지의 거동에 대해서는 보다 세부적인 연구가 필요할 것이다. 예컨대 앵커리지가 경암에 설치되는 경우 특히 절리 영향을 많이 받을 수 있으므로 절리 블록에 대한 영향, 층상 암반의 경우 퇴적지층의 절리 방향, 절리 전단 거동 분석 시 입력 파라미터 선정 등에 대한 추가 연구가 필요하다. 더 나아가 그러한 연구결과들이 잘 정리되어 설계자들이 실무에 바로 사용할 수 있도록 일반화된 차트로 제시되기를 바란다. 또한 앵커리지 지반설계에 있어서 지반과의 마찰저항, 수동저항 등을 지지력으로 충분히 활용할 수 있도록 앵커리지의 최적 형상 설계에 대해서도 많은 연구가 필요할 것이다.

아무쪼록 이 책이 현수교 앵커리지의 설계 노하우를 많은 기술자들에게 전파할 수 있는 참고서로 사용되어 실무에 있는 독자들에게 유용하기를 기대해본다.

|참고문헌|

건설교통부(2000). 도로교설계기준.

국토교통부(2016). 도로교설계기준(한계상태설계법).

국토교통부(2016). 도로교설계기준(한계상태설계법)- 케이블교량편 부분개정.

국토교통부(2016). 국가설계기준 지반조사편(KDS 111010:2016).

김성헌, 김용식, 손윤기, 유동호(2012). "기술기사: 장대 현수교 가설엔지니어링 체계화" 한국강구조학회지, 24(3), pp. 64-72.

서승환, 박재현, 이성준, 정문경(2018), "2차원 모형실험 및 수치해석을 통한 현수교 터널식 앵커리지의 인발거동 특성 분석", 한국지반공학회논문집, 34(10), pp. 61-74.

신종호(2015). 지반역공학 1, 2, 도서출판 씨아이알.

㈜유신코퍼레이션(2016). 팔영대교 적금-영남 간 연륙교 가설공사 기본설계 및 실시설계 보고서 및 구조계산서.

㈜유신코퍼레이션(2012). 이순신대교 여수국가산단 진입도로 개설공사(제3공구) 기본설계 및 실시설계보고서 및 구조 계산서.

㈜유신코퍼레이션(2009). 울산대교 및 접속도로 민간투자사업 기본설계 및 실시설계보고서 및 구조 계산서.

㈜유신코퍼레이션(2009). 울산대교 설계 검토 검토보고서.

이광원, 조현준(2017). "현수교의 소개 및 가설공법", 건설기술 쌍용, 74, pp. 30-35.

이병주, 선우춘(2010). 토목기술자를 위한 한국의 암석과 지질구조, 씨아이알.

이병주(2019). "땅_지반을 알게 하는 지질학(Geology)- 물속에서 태어난 퇴적암", 한국 지반공학회 지반, 35(4), pp. 44-49.

이승우(2003). 실무현수교의 계획과 설계, 건설정보사, pp. 141-177.

이인모, 윤현진, 이형주, 이상돈, 박봉기(2003), "굴착선 주변공 발파의 암반손상을 고려한 터널 안정성 검토," 한국지반공학회논문집, 19(4), pp.167-178.

최위찬(2001). "한반도 단층 등급분류", 한국지반공학회 암반역학위원회 특별세미나 논문집, pp. 3-21.

최현석, 김재홍(2008). "기술기사: 현수교 주케이블의 시공방법", 한국강구조학회지, 20(2), pp.79-86.

한국교량및구조공학회(2015), 도로교설계기준(한계상태설계법) 해설,한국교량및구조공학회교량설계핵심기술연구단.

한국도로공사(2008), 건설기술 혁신사업 초장대교량 사업단 상세기획.

한국암반공학회(2009). "암석표준시험법 : 암석의 직접전단강도 결정을 위한 실내 표준 시험법", 터널과 지하공간, 19(4), pp. 269-272.

한국지반공학회(2009), 구조물기초설계기준 해설, 구미서관.

홍은수, 조계춘, 박승형, 박재현, 정문경, 이성원(2014), "수치해석에 의한 암반상의 지중 정착식 앵커리지 인발 거동 연구", 한국터널지하공간학회 논문집 16(6), pp.521-531.

ACI 349-97 (1997), Code Requirements for Nuclear Safety Related Concrete Structures, American Concrete Institution.

ACI 349-01 (2001), Code Requirements for Nuclear Safety Related Concrete Structures, American Concrete Institution.

American Associatino of State Highway and Transportation Officials(2010), AASHTO LRFD Bridge Design Specifications.

ASCE (1979), "Long span suspension bridge: history and performance," Proceedings of the ASCE National Conventions, Boston, MA, USA, pp. 109-127.

ASTM D 5607-16 (2017): Standard Test Method for Performing Laboratory Direct Shear Tests of Rock Specimens Under Constant Normal Force.

Barnet, J. and Bajer, M. (2011), "Analysis of bonded anchor in combined concrete-bond failure mode". In Recent Research in Geography Geology, Energy, Environment and Biomedicine, Proceedings of the 4th WSEAS International Conference on Engineering Mechanics, Structures, Corfu Island, Greece, pp. 14-16.

Barton, N. (1973), "Review of a new shear-strength criterion for rock joints". Engineering geology, 7(4), pp. 287-332.

Barton, N. and Bandis, S. (1982), "Effects of block size on the shear behavior of jointed rock", In The 23rd US symposium on rock mechanics (USRMS). Berkeley, California, August 1982. pp. 739-760.

Barton, N. and Choubey, V. (1977), "The shear strength of rock joints in theory and practice", Rock Mechanics, 10(1), pp. 1-54.

Chattopadhyay, B.C. and Pise, P.J. (1986), "Uplift Capacity of Piles in Sand", Journal of geotechnical engineering, 112(9), pp. 888-904.

Cheng, Y., and Liu, S. (1990), "Power caverns of the Mingtan Pumped Storage Project," Comprehensive Rock Engineering, Oxford: Pergamon, 5, pp. 111-132.

China Communication Press (2015), Industry Standard Editorial Committee of the People's Republic of China. Design Specification for Highway Suspension Bridge, Beijing, China.

Das, B.M. (1983), "A procedure for estimation of uplift capacity of rough piles", Soils and Foundations, 23(3), pp. 122-126.

Das, B.M. (2012), Theoretical foundation engineering (Vol. 47). Elsevier, pp. 183-192.

Das, B.M. (1999), Shallow Foundations Bearing Capacity and Settlement, CRC Press.

Gimsing, N. J., & Georgakis, C. T. (2011). Cable Supported Bridges: Concept and Design, Third Edition, John Wiley & Sons.

Hoek, E. (2007), Practical rock engineering, Online. ed. Rocscience Inc.

Hoek, E. and Bray, J.W., (1981), Rock slope engineering, Institution of Mining and Metallurgy. London.

Hoek, E. Brown, E. T., (1997), "Practical estimates of rock mass strength". International Journal of Rock Mechanics and Mining Sciences, 34(8), pp. 1165-1186.

Hoek, E., Carranza-Torres, C.T., and Corkum, B.(2002), "Hoek-Brown failure criterion − 2002 edition," Proc. North American Rock Mechanics symposium, Toronto, Canada, Vol. 1, pp.267−273.

Ilamparuthi, K., Dickin, E.A., and Muthukrisnaiah, K. (2002), "Experimental investigation of the uplift behaviour of circular plate anchors embedded in sand", Can. Geotech. J., Vol. 39, pp. 648-664.

Muralha, J., Grasselli, G., Tatone, B., Blumel, M., Chryssanthakis, P. and Yujing, J. (2014). "ISRM Suggested Method for Laboratory Determination of the Shear Strength of Rock Joints: Revised Version." Rock Mechanics and Rock Engineering, 47, pp. 291-302.

ISRM (2007) The complete ISRM suggested methods for rock characterization, testing and monitoring: 1974-2006. In: Ulusay R Hudson JA (eds), Suggested methods prepared by the Commission on Testing Methods, ISRM, Compilation arranged by the ISRM Turkish National Group, Kozan Ofset, Ankara.

Kanemitsu, H., Omachi, T., and Higuchi, K. (1981), "Calculation Method of Ultimate Resisting Pull Strength of Tunnel Type of Anchorage for Suspension Bridge," Construction report of Honshu sikoku connection bridge, vol.5, No.16, pp.15-20. (in Japanese)

Lee, N.H., Moon, I.H, and Ju, I.S. (2001), "Failure Mechanism for Large-Sized Grouted Anchor Bolt under Tensile Load," 16th. International Conference on Structural Mechanics in Reactor Technology, Washington DC. USA.

Lim, H., Seo, S., Lee, S. and Chung, M. (2020). "Analysis of the passive earth pressure on a gravity-type anchorage for a suspension bridge". Geo-Engineering 11, 13. https://doi.org/10.1186/s40703-020-00120-5

Meyerhof, G. G., Adams J.I. (1968), "The ultimate uplift capacity of foundations," Canadian Geotechnical Journal. 5(4), pp. 225-244. https://doi.org/10.1139/t68-024

Meyerhof, G.G. (1973), "Uplift resistance of inclined anchors and piles", Proceedings of the 8th International Conference on Soil Mechanics and Foundation Engineering, Moscow, Vol. 2, pp 167-172.

Potts, D., Axelsson, K., Grande, L., Schweiger, H., and Long, M.(2002), Guidelines for the use of advanced numerical analysis, Thomas Telford Limited.

Rowe, R.K. and Davis, E.H. (1982), "The behaviour of anchor plates in sand", Geotechnique, 32(1), pp. 25-41. https://doi.org/10.1680/geot.1982.32.1.25

Sabatini, P. J., Bachus, R. C., Mayne, P. W., Schneider, J. A., and Zettler, T. E. (2002). Geotechnical engineering circular no. 5: evaluation of soil and rock properties (No. FHWA-IF-02-034).

Sagong, M., Park, C. S., Lee, B. H., and Chun, B. S. (2012), "Cross-hole seismic technique for assessing in situ rock mass conditions around a tunnel," International Journal of Rock Mechanics & Mining Sciences, 53, pp.86-93. https://doi.org/10.1016/j.ijrmms.2012.04.003

Seo, S., and Chung, M.(2018)."An application of image processing technique to analyze initial failure behavior in pull-out test", Procds. of The 2018 World Congress on Advances in Civil, Environmental, & Material Research(ACEM18), Songdo, pp. 90.

Seo, S. and Chung,M.(2019)."Analysis of Pull-out Behavior of Tunnel-type Anchorage for Suspended Bridge using Scaled Model Test", Procds. of the Twenty-ninth(2019) International Ocean and Polar Engineering Conference, Honolulu, pp. 2234-2238.

Seo, S., Ko, Y.H., and Chung, M. (2019)."Analysis of pull-out behavior of tunnel type anchorage using 2-dimensional scaled model test and image processing technique", Procds. of the 16th ARC Conference on Soil Mechanics and Geotechnical Engineering, Taipei, SF01M-03-003

Seo, S., Lim, H., and Chung, M.(2021). "Evaluation of failure mode of tunnel-type anchorage for a suspension bridge via scaled model tests and image processing", Geomechanics and Engineering, 24(5), 457-470.

Shanker, K., Basudhar, P.K., and Patra, N.R. (2007), "Uplift capacity of single piles: predictions and performance", Geotechnical and Geological Engineering, 25, pp. 151-161.

海洋架橋調査會 (1999), 本州四國連絡僑 西瀨戶 自動車道 建設誌.

海洋架橋調査會 (1986), 瀬戶大橋の基礎.

本州四國連絡橋公団 (2017), 道路橋示方書·同解說(Ⅳ下部構造編) 下部構造設計基準の改訂案.

本州四國連絡橋公団 (1980), 重力式直接基礎アンカレイジ設計要領(案)·同解說.

本州四國連結橋公團 (1977), 下部構造 設計基準.

竹内覚夫, 吉田好孝 (1984), "トンネルアンカー," 本州四国連絡橋工事報告/ケーブルアンカー

| 색 인 |

| 저자 소개 |

정문경(鄭文景, Chung, Moonkyung)
- 공학박사(Texas A&M University, College Station, USA), 지반공학
- (현) 선임연구위원, 한국건설기술연구원(1995-현재)
- 한국건설기술연구원 연구부원장(2019-2021), 지반연구소장 등 역임
- (현) 한국지반공학회 회장, 한국공학한림원 일반회원, ASCE, ISSMGE 정회원, (전) 대한토목학회 부회장 등

서승환(徐承煥, Seo, Seunghwan)
- 공학석사(Chuo University, Tokyo, Japan), 토목공학(수리학)
- (현) 전임연구원, 한국건설기술연구원(2017-현재)
- 케이블교량 글로벌 연구단 등 국가연구개발사업 다수 참여(2017-2021)
- (전) 플랜트 엔지니어, ㈜코오롱인더스트리(2012-2014)
- (현) 한국지반공학회 정회원

| 도움을 주신 분들 |

집필 | 장학성 부사장, 장영일 상무, 최영석 차장, 박재현 박사, 박철수 박사, 이용안 박사, 임현성 박사, 이성준 교수, 진현식 대표, 정영훈 교수, 고준영 교수

자문 | 박성원 전무, 남문석 박사, 여규권 박사, 이원제 박사, 유동주 부장, 이철주 교수, 문지영 박사

실무자를 위한

현수교 앵커리지의
지반공학적 설계

초 판 인 쇄 2022년 2월 21일
초 판 발 행 2022년 3월 2일

저   자 정문경, 서승환
펴 낸 이 김성배
펴 낸 곳 도서출판 씨아이알

책 임 편 집 이민주
디 자 인 송성용, 박진아
제 작 책 임 김문갑

등 록 번 호 제2-3285호
등 록 일 2001년 3월 19일
주   소 (04626) 서울특별시 중구 필동로8길 43(예장동 1-151)
전 화 번 호 02-2275-8603(대표)
팩 스 번 호 02-2265-9394
홈 페 이 지 www.circom.co.kr

I S B N 979-11-6856-027-7 (93530)
정   가 18,000원